普通高校“十三五”规划教材·管理科学与工程系列

建设工程招投标与合同管理

赵振宇 ◎ 编　著

清华大学出版社
北　京

图书在版编目（CIP）数据

建设工程招投标与合同管理 / 赵振宇编著 . —北京：清华大学出版社，2019（2022.12 重印）
（普通高校“十三五”规划教材 . 管理科学与工程系列）
ISBN 978-7-302-52828-9

Ⅰ . ①建… Ⅱ . ①赵… Ⅲ . ①建筑工程－招标－高等学校－教材②建筑工程－投标－高等学校－教材③建筑工程－合同－管理－高等学校－教材 Ⅳ . ① TU723

中国版本图书馆 CIP 数据核字（2019）第 079835 号

责任编辑：吴 雷 左玉冰
封面设计：汉风唐韵
版式设计：方加青
责任校对：宋玉莲
责任印制：宋 林

出版发行：清华大学出版社
网 址：http://www.tup.com.cn，http://www.wqbook.com
地 址：北京清华大学学研大厦 A 座 **邮 编**：100084
社 总 机：010-83470000 **邮 购**：010-62786544
投稿与读者服务：010-62776969，c-service@tup.tsinghua.edu.cn
质 量 反 馈：010-62772015，zhiliang@tup.tsinghua.edu.cn
印 装 者：北京鑫海金澳胶印有限公司
经 销：全国新华书店
开 本：185mm×260mm **印 张**：14 **字 数**：337 千字
版 次：2019 年 6 月第 1 版 **印 次**：2022 年 12 月第 4 次印刷
定 价：45.00 元

产品编号：076222-01

前言

中国已成为全球最大的建筑市场，并且有越来越多的工程企业进入国际建筑市场。大量工程建设活动正是通过合同这一纽带使原本不相干的单位形成了项目各方之间的供需关系、经济关系和工作关系。合同不仅规定了相关各方的责任、权利和义务，还约定了各方的工作内容、工作流程和工作要求，同时也划定了各方风险分配。合同管理已成为工程项目管理工作的核心，可以说，工程建设中所开展的质量、进度、费用、安全、环保等目标管控，实际上都是以合同为依据确立的，正所谓“做好项目就是执行好合同”。尤其是在法制化、市场化不断完善的社会发展大背景下，合同越来越成为建设工程得以实施、建设目标得以实现的依托和保障。遵守合同所体现的契约精神不仅反映了自由、公平和效率的时代特点，也有助于最大限度地满足各方实现诚信、自主和公正的愿望，维护好各方权益。

建设工程招投标与合同管理是从事工程建设活动的必修课，通过这门课程的学习，可使学生系统掌握其理论基础和知识体系，通晓典型条款的具体内容，熟悉管理操作应用实务；同时，可培养学生的契约精神、规则意识、管理能力、诚信保障和共赢理念，最终将所学知识内化于心、外化于行，融入工程建设管理活动中。

本书由三部分内容构成：

第一部分是相关法律法规基础（第一章至第四章）。主要有经济法律法规、合同法、建筑法、招标投标法、政府采购法及价格法。

第二部分是建设工程招标投标管理（第五章和第六章）。涵盖建设工程项目施工、设计、物资采购的招标、投标和评标。

第三部分是建设工程合同管理（第七章至第十章）。包括建设工程勘察设计合同、监理合同、施工合同、EPC总承包合同、分包合同、物资采购合同、FIDIC施工合同管理等。

本书的主要特点如下：

一是内容全面、体系完整。将工程建设各阶段项目各方的招投标和合同管理的内容全面涵盖，既可帮助学生了解全局，又有利于满足学生未来在建设、施工、设计、咨询、制造等不同工作岗位的实际需要。

二是突出法规和合同条款。强化对相关法规和国家建设行政主管部门及 FIDIC 颁布并推荐使用的合同示范文本的学习与掌握，充分体现法律法规和合同范本中关键条款的原文、原意，全面引证，相互衔接、形成体系，避免断章取义，做到用为所学、学为所用，增强可操作性和通用性。

三是以最新法律法规为依据。本书各部分内容吸收了国家在招投标和合同管理方面新颁布的法律条例和政府部门的规定，保证了与现行政策法规的一致性。

四是兼顾执业资格考试要求。本书编写考虑了工程建设行业建造师、造价工程师、监理工程师等各类执业资格考试大纲的要求，通过对本书的学习，可全面掌握相关应试的内容。

本书可作为工程管理、工程造价、土木工程类专业本科生的学习教材，也可作为从事工程建设招投标与合同管理相关工作人员的岗位培训教材及参考书。

工程项目建设事业日新月异，合同管理理论方法、合同文本及法律法规在新形势下也会不断丰富、发展和完善，加之编者水平有限，书中不当之处，敬请读者批评指正。

赵振宇
于华北电力大学
2019 年 1 月

目录

第一章
建设工程法律基础

学习目标

本章要求了解我国法律体系的基本类型、法律体系的形式，熟悉法律关系主体、客体和内容，了解法律事实的概念及内容，掌握代理及其特征、委托代理关系、无权代理等概念，了解财产所有权的基本内容，熟悉债的概念，掌握担保的不同形式，掌握诉讼时效期的规定。

第一节 中国法律体系的类型和形式

一、法律体系的基本类型

法律体系通常指由一个国家现行的各个部门法构成的有机联系的统一整体。在我国法律体系中，根据所调整的社会关系性质不同，可以划分为不同的部门法（或称法律部门）。法律法规是工程建设实施的重要依据，开展采购和合同管理等工程建设活动首先需要了解我国法律体系的基本类型和形式。

中国当前的法律体系可分为宪法及宪法相关法、民商法、行政法、经济法、社会法、刑法、诉讼与非诉讼程序法七类。

（1）宪法是国家的根本大法，规定国家的根本任务和根本制度，即社会制度、国家制度的原则和国家政权的组织以及公民的基本权利义务等内容。宪法及宪法相关法包括《中华人民共和国宪法》《全国人民代表大会组织法》《地方各级人民代表大会和地方各级人民政府组织法》《全国人民代表大会和地方各级人民代表大会选举法》《国籍法》《国务院组织法》《民族区域自治法》等。

（2）民法是规定并调整平等主体的公民间、法人间及公民与法人间的财产关系和人身关系的法律规范的总称。商法是调整市场经济关系中商人及其商事活动的法律规范的总称。我国采用了民商合一的立法模式，可将商法视为民法的特别法和组成部分，包括《民法典》《合同法》《物权法》《公司法》《招标投标法》等。

（3）行政法是调整行政主体在行使行政职权和接受行政法制监督过程中而与行政相对人、行政法制监督主体之间发生的各种关系，以及行政主体内部发生的各种关系的法律规范的总称，包括《行政处罚法》《行政复议法》《行政许可法》《环境影响评价法》《城市房地产管理法》《城乡规划法》《建筑法》等。

（4）经济法是调整在国家协调、干预经济运行的过程中发生的经济关系的法律规范的总称，包括《统计法》《土地管理法》《标准化法》《税收征收管理法》《预算法》《审计法》《节约能源法》《政府采购法》《反垄断法》等。

（5）社会法是调整劳动关系、社会保障和社会福利关系的法律规范的总称，包括《劳动法》《职业病防治法》《安全生产法》《劳动合同法》等。

（6）刑法是关于犯罪和刑罚的法律规范的总称，包括《刑法》。

（7）诉讼与非诉讼程序法是规范诉讼和非诉讼程序的法律的总称，前者包括《民事诉讼法》《刑事诉讼法》《行政诉讼法》，后者包括《仲裁法》。

二、法律体系的形式

我国的法律法规大体上有法律、行政法规和部门规章三个层次，具体包括法律、行政法规、地方性法规、部门规章、地方政府规章和国际条约等不同形式。

（1）宪法是我国的根本大法，在我国法律体系中具有最高的法律地位和法律效力，是我国最高的法律形式。

（2）法律是指由全国人民代表大会和全国人民代表大会常务委员会通过的由国家主席签署主席令予以公布的规范性法律文件。涉及建设领域的法律主要包括《城乡规划法》《建筑法》《招标投标法》《合同法》《城市房地产管理法》等。

（3）行政法规是国务院根据宪法和法律就有关执行法律和履行行政管理职权的问题，以及依据全国人大及其常委会特别授权所制定的规范性文件，由总理签署国务院令公布。现行的建设行政法规主要有《建设工程勘察设计管理条例》《建设工程质量管理条例》《建设工程安全生产管理条例》《招标投标法实施条例》等。

（4）地方性法规是省、自治区、直辖市人民代表大会及其常务委员会根据本行政区域的具体情况和实际需要制定的区域性法规，如《北京市建筑市场管理条例》。

（5）部门规章是国务院具有行政管理职能的各部委和直属机构，以及省、自治区、直辖市人民政府所制定的规范性文件，其名称常使用“规定”“办法”和“实施细则”等。如国家发展和改革委员会发布的《必须招标的工程项目规定》、住房和城乡建设部发布的《房屋建筑和市政基础设施工程质量监督管理规定》等。

（6）地方政府规章是省、自治区、直辖市和设区的市、自治州的人民政府根据法律、行政法规和本地的地方性法规所制定的地方性规章。

（7）国际条约是指我国与国际组织或外国政府缔结的条约、公约、协议、协定、议定书、宪章、盟约、换文和联合宣言等具有约束力的文件，如《中国加入世界贸易组织议定书》。

上述各类法律法规形式中，由于制定的主体、程序、时间、适用范围等的不同，具有不同的效力，从而形成了法的效力等级体系。宪法是具有最高法律效力的根本大法，具有最高的法律效力，也是其他立法活动的法律依据，任何法律、法规都必须遵循宪法。其他法律的效力在宪法之下而高于其他法规规章。行政法规的效力在法律之下，高于地方性法规和部门规章。本级和下级地方政府规章的效力又在地方性法规之下。

第二节　合同相关法律基础知识

一、合同法律关系

法律关系是一定的社会关系在相应的法律规范的调整下形成的权利义务关系，包括行政法律关系、民事法律关系、经济法律关系、合同法律关系等。合同法律关系是指由合同法律规范调整的当事人在民事流转过程中所产生的权利义务关系。合同法律关系同其他法律关系一样，由法律关系主体、法律关系客体和法律关系内容三大要素构成。

（一）法律关系主体

合同法律关系主体是指合同法律关系的参加者或当事人，即合同权利的享有者和合同义务的承担者，具体内容如下：

（1）自然人。自然人是指基于出生而成为民事法律关系主体的有生命的人。作为合同法律关系主体的自然人需具备相应的民事权利能力和民事行为能力。民事权利能力是民事主体依法享有民事权利和承担民事义务的资格；民事行为能力是民事主体通过自己的行为取得民事权利和履行民事义务的资格。根据自然人的年龄和精神健康状况等情况，可分为完全民事行为能力人、限制民事行为能力人和无民事行为能力人。

（2）法人。法人是建设工程合同法律关系的基本主体。法人是具有民事权利能力和民事行为能力，依法独立享有民事权利和承担民事义务的组织。法人应当依法成立；有必要的财产或者经费；有自己的名称、组织机构和场所；能够独立承担民事责任。法人可以分为企业法人、机关法人、事业单位法人和社会团体法人等。依照法律或者法人组织章程规定，法人的法定代表人是代表法人行使职权的负责人。法人以它的主要办事机构所在地为住所。

（3）其他社会组织。其他社会组织是指依据有关法律规定能够独立从事一定范围生产经营或服务活动，但不具备法人条件的社会组织，包括法人的分支机构，不具备法人资格的联营体、合伙企业、个人独资企业等。

（4）个体工商户和农村承包经营户。公民在法律允许的范围内，依法经核准登记，从事工商业经营的，为个体工商户。农村集体经济组织的成员，在法律允许的范围内，按照承包合同规定从事商品经营的，为农村承包经营户。

除以上主体外，随着我国经济生活的发展，一些新的组织和机构，也可能成为合同法律关系主体。

（二）法律关系客体

合同法律关系客体，是指合同法律关系的主体享有的权利和承担的义务所共同指向的对象，具体内容如下：

（1）物，指可以被人们控制和支配的、有一定经济价值的、以物质形态表现出来的物体。作为合同法律关系客体的物，可以进行不同的分类划分：如生产资料和生活资料、动产和不动产、限制流通物和不受限制的流通物等。

（2）财，包括货币资金和有价证券。货币是充当一般等价物的特殊商品。在生产流通过程中，货币是以价值形态表现的资金。有价证券是指具有一定的票面金额、代表某种财产权的凭证，如汇票、支票、股票、债券等。

（3）行为，即合同法律关系主体为达到合同目的所进行的经济活动，如建设管理的行为、支付价款的行为、完成工作的行为、提供劳务的行为等。

（4）智力成果，即人们脑力劳动所产生的成果，如专利、专有技术、计算机软件、商标等。

（三）法律关系内容

法律关系内容，是指合同法律关系的主体所享有的权利和承担的义务。

（1）权利，是合同法律关系主体按照合同的约定有权按照自己的意志依法做出的某种行为，权利主体也可要求义务主体做出一定的行为或不做出一定的行为，以实现与自己的有关权利。

（2）义务，是指合同法律关系主体必须通过自己的行为或不行为以满足他人和社会的权益要求的责任。义务包括法定义务和约定义务。

二、法律事实

（一）法律事实的概念

法律关系的发生、变更和终止，必须具备两个条件。一是要有国家制定的相应的法律规范。如果国家没有针对某一社会生活领域制定相应的法律规范，在这一社会领域就不可能有法律关系产生。二是要有一定的法律事实。所谓法律事实，是指由法律法规所确认的、能够引起法律关系发生、变更和终止的客观现象。法律关系的主体、客体和权利义务关系的变化，都必须以一定的法律事实为依据。

并非社会生活中的所有现象都具有法律上的意义，只有涉及法律法规规定的现象，才能引起具体的法律关系的产生、变更和终止。

（二）法律事实的内容

法律事实是指能够引起合同法律关系产生、变更和终止的客观现象和事实。法律事实包括行为和事件。

（1）行为，是指依当事人的主观意志而做出的、能够引起合同法律关系产生、变更和终止的活动。

法律行为包括合法行为和违法行为。合法行为就是符合法律规范所要求的行为，包括做出符合法律规范所要求的行为即作为，或者不做出法律规范所禁止的行为即不作为。合法行为必须是指行为的内容和方式均符合法律规定。违法行为就是指实施了法律规范所禁止的行为，或不实施法律规范所要求的行为。违法行为必须是行为的内容或方式违反了法律规定，如侵权行为、违约行为。

（2）事件，是指那些不以当事人的主观意志为转移而发生的，能够引起合同法律关系发生、变更和终止的客观事实。

事件可分为自然事件和社会事件。自然事件是指由于自然现象所引起的客观事实。社会事件是指由于社会上发生了不以人的意志为转移的、难以预料的重大事变所形成的客观事实。自然事件和社会事件都能导致合同法律关系的产生或者迫使存在的合同法律关系发生变化，引起一定的法律后果。

行政行为和发生法律效力的法院判决、裁定以及仲裁机关发生法律效力的裁决等，也是一种法律事实，会引起法律关系的发生、变更和终止。

三、代理关系

（一）代理及其特征

公民、法人可以通过代理人实施民事法律行为。代理是指代理人在代理权限内，以被代理人的名义实施民事法律行为。被代理人对代理人的代理行为，承担民事责任。代理具有如下特征：

（1）代理人以实施民事法律行为为职能。代理人的代理活动能产生民事法律后果，即在被代理人与第三人之间发生、变更或终止某种民事法律关系。凡不与第三人产生权利义务关系的行为，如代人抄写、代人请假、代人整理书报等，不属于民事上的代理。

（2）代理人以被代理人名义从事民事法律行为。在代理关系中，代理人只有以被代理人的名义，代替被代理人进行民事活动，才能为被代理人取得民事权利和履行民事义务。代理人以自己的名义进行民事活动，不属于代理活动，而是其自己的行为，其法律后果由行为人自己承担。

（3）代理人在代理权限范围内独立地表示自己的意志。代理人在代理权限范围内，有权斟酌情况，独立地进行意思表示。这一特征，将代理人与证人、居间人区别开来，后者无权独立地表示自己的意志，只能起媒介作用，而非代理。

（4）代理行为的法律后果由被代理人承担。代理人在代理权限范围内所实施的行为，其法律后果由被代理人承担。这是以上三个特征的必然结果，也是当事人设立代理关系的目的所在。

（二）代理的种类

代理包括委托代理、法定代理和指定代理。

（1）委托代理。委托代理是根据被代理人对代理人的委托授权而产生的代理。委托授权，是被代理人向代理人授予代理权的意思表示，是一种单方的民事法律行为，只需要被代理人一方的意思表示。

委托代理的授权，可以用书面形式，也可以用口头形式。法律规定用书面形式的，应当用书面形式。书面委托代理的授权委托书应当载明代理人的姓名或名称、代理事项、权限和期间，并由委托人签名或盖章。委托书授权不明的，被代理人应当向第三人承担民事责任，代理人负连带责任。

（2）法定代理。法定代理是指按照法律的规定而产生的代理。如无行为能力人和限制行为能力人，其监护人因法律的规定而成为被监护人的法定代理人。这种代理无须被代理人授权。

（3）指定代理。指定代理是指按照人民法院或者有关单位的指定而产生的代理。例如，在民事诉讼中，如果无行为能力人或限制行为能力人的法定代理人，不能行使代理权或者互相推诿代理责任，则由人民法院指定代理人参加诉讼。

（三）代理的适用范围

代理有广泛的适用范围，主要包括：

（1）代理进行民事法律行为，如买卖、借贷、履行债务、租赁、借用、接受赠与等。

（2）代理进行其他具有法律意义的行为，如代理房产登记、代理商标注册、纳税等。

（3）代理进行诉讼。

（四）无权代理及表现形式

无权代理，是指行为人没有代理权或超越代理权限而进行的“代理”活动。无权代理有以下几种表现形式：

（1）无合法授权的“代理”。代理权是代理人进行代理活动的法律依据，不享有代理权的行为人却以他人名义进行“代理”活动，属于最主要的无权代理形式。此外，依照法律规定或按双方当事人约定，应当由本人实施的民事法律行为，不得代理，如结婚登记。

（2）越权“代理”。代理人的代理权限范围是有所界定的，代理人超越代理权限“代理”所进行的民事行为是没有法律依据的，其行为属于无权代理。

（3）代理权终止后的“代理”。代理人的代理权总是在特定时间范围内有效的，代理权终止后，代理人的身份也就相应地取消，原代理人无权再进行代理活动。

（五）无权代理的法律后果

（1）“被代理人”的追认权，是指“被代理人”对无权代理行为所产生的法律后果表示同意和认可。一旦经过被代理人的追认，则被代理人对代理行为承担民事责任。

（2）“被代理人”的拒绝权，是指“被代理人”对无权代理行为及其所产生的法律后果，享有拒绝的权利。被拒绝的无权代理行为，由无权代理的行为人承担民事责任。

（六）委托代理关系的终止

委托代理关系可因下列原因终止：

（1）代理期间届满或代理事务完成；

（2）被代理人取消委托或代理人辞去委托；

（3）代理人丧失民事行为能力或代理人死亡；

（4）作为被代理人或代理人的法人终止。

（七）法定代理或指定代理关系的终止

法定代理或指定代理关系可因下列原因终止：

（1）被代理人取得或恢复民事行为能力；

（2）被代理人或代理人死亡；

（3）代理人丧失民事行为能力；

（4）指定代理的人民法院或单位取消指定；

（5）由其他原因引起的被代理人和代理人之间的监护关系消灭。

附：【某国际工程项目投标授权书样例】

Date:

We, (name of company) , a company organized and existing under and by virtue of the law of the People’s Republic of China, having its registered address at (address) , hereby certify that we have duly authorized:

Mr. (name) Project Manager

As our true and lawful representative, in our place and stead, to participate, negotiate, sign the tender proposal and contract if awarded, and undertake any all acts and deeds requisite, necessary or proper to be done concerning the (project name and number) called by (name of project owner) for and on behalf of us, ratify and confirm all that the said representative shall do pursuant to the power herein granted.

This power of attorney shall become effective from the (date) and shall remain in full force and effect until further notice.

(Name and Signature)

President of Company

四、财产所有权

（一）财产所有权的概念和特征

财产所有权是指所有人依法对自己的财产享有占有、使用、收益和处分的权利。首先，财产所有权是一种绝对权，即权利人不需要他人协助，自己就可以直接实现所有权，而且所有权的义务主体不是特定的，是一种不作为义务。其次，它是一种最完全、充分的物权，它包含对所有物全面支配的权能。最后，它是一种排他性的权利：一方面，所有权的客体之上不能同时并存两个或两个以上内容相同的所有权；另一方面，所有人有权排除他人对于其财产违背其意志的干涉。

《民法典》规定：国家财产属于全民所有；劳动群众集体组织的财产属于劳动群众集体所有；公民的合法财产受法律保护。

（二）财产所有权的内容

所有人对财产依法享有如下权利：

（1）对财产的实际掌握、控制的占有权，可分为所有人的占有和非所有人的占有；

（2）为满足生产和生活的需要，按照财产的性能和用途对财产进行利用的使用权；

（3）在财产上取得某种经济利益的收益权；

（4）对财产进行处置、决定财产命运的处分权。

（三）财产所有权的取得

财产所有权的合法取得方式可分为原始取得和继受取得。

（1）原始取得，是指财产所有权第一次产生或者不依靠原所有人的权利而取得所有权。例如：通过生产活动创造的新财产，由财产的所有人和生产者享有所有权；国家可以依法强制将某些财产没收归国有，这一方式不承认原所有人的权利和不考虑原所有人的意志；

通过收取物的孳息收益而获得所有权，包括天然孳息和法定孳息，前者如种果树而得果实，后者如存款利息等。

（2）继受取得，是指所有人通过某种法律行为从原所有人那里取得财产的所有权。例如：通过买卖，买方取得卖方财产的所有权；继承人通过继承取得死亡的所有人的遗产的所有权；通过接受遗赠或赠与而取得财产所有权等。

（四）财产所有权的转移

财产所有权的转移包括动产所有权的转移和不动产所有权的转移。对于动产所有权的转移，一般以交付为准；不动产（如房地产）所有权的转移则以登记为准。

（五）财产所有权的消灭

财产所有权的消灭即所有人失去财产所有权。引起财产所有权消灭的原因主要有以下几种：

（1）所有权转让。所有人根据自己意志把财产转让给他人，另一方取得所有权，原所有人的所有权消灭。

（2）所有权的抛弃。所有人自愿抛弃某项财产，或放弃依法享有的所有权。

（3）所有权客体的消灭。某物在生产中被消耗、在生活中被消费、在灾害中灭失，该物所有权即不复存在。

（4）所有权主体的消灭。公民死亡和法人解散都可以引起所有权转移，原所有人所有权消灭，依法转归他人。

（5）所有权因强制程序而消灭。国家行政或司法机关根据行政措施或法律程序，强制所有人转移物权。如国家根据法律规定，对土地和其他财产实行征购、征收或收归国有。

五、债权

（一）债的概念

债是按照合同的约定或者依照法律的规定，在特定当事人之间产生的特定的权利和义务关系。享有权利的人是债权人，负有义务的人是债务人。债权人有权要求债务人按合同约定或依法律规定履行义务。

（二）债的发生根据

它是指引起债产生的一定的法律事实。债的发生根据如下：

（1）合同。合同是当事人之间设立、变更、终止民事法律关系的行为。任何合同关系的设立，都会在当事人之间发生债权和债务的关系。合同之债是债的最主要、最普遍的发生根据。

（2）无因管理。无因管理是指在没有法定或约定的义务的情况下，为避免他人利益受损失，自觉为他人进行管理或服务的行为。无因管理在受益人与管理人之间产生了权利义务关系，构成无因管理之债。管理人或服务人可以要求受益人偿付必要的费用，包括在管理或者服务活动中直接支出的费用，以及在该活动中受到的损失。

（3）不当得利。不当得利是指一方在没有法律或合同依据的情况下，损害他人利益而自身获得利益的行为。基于不当得利的事实，获得不当利益的一方，负有返还不当利益的义务；财产受损失的一方，享有要求返还不当利益的权利。上述权利义务关系，构成不当得利之债。返还的不当利益，应当包括原物和原物所生的孳息。利用不当得利所取得的其他利益，扣除劳务管理费后，应当予以收缴。

（4）侵权。侵权是指侵害他人的财产或人身权利的违法行为。侵权行为一经发生，即在受害人和侵害人之间形成债的关系，即侵权之债。受害人有权要求侵害人赔偿损失，通过受害人与侵害人之间的债的关系来救济受害人所受损害。

（三）债的担保

债的担保，是按照当事人的约定或依据法律的规定而产生的促使债务人履行债务，保障债权人的债权得以实现的法律措施，可以说是为债权之实现而奋斗。债权债务合同是主合同，担保合同是从合同或称附属合同。担保分人的担保和物的担保，我国《担保法》规定了保证、抵押、质押、留置和定金五种担保形式。

（1）保证，即保证人和债权人约定，当债务人不履行债务时，保证人按照约定履行债务或者承担责任的行为。

保证的方式分为一般保证和连带责任保证：

①一般保证责任，是指在债务人不能履行债务时，保证人才开始承担保证责任，即在主合同纠纷未经审判、仲裁、并就债务人财产依法强制执行仍不能履行债务前，债权人要求保证人承担责任的，保证人有权拒绝。

②连带责任保证，是指保证人与债务人对主债务承担连带责任的保证。连带保证人与债务人负连带责任，债权人可先向保证人要求其履行保证义务，而无论主债务人的财产是否能够清偿。

保证是工程建设活动中常用的担保方式。建设工程中的保证人往往是银行，也可能是信用较高的其他担保人，通常把银行出具的保证称为保函，把其他保证人出具的书面保证称为保证书。

（2）抵押，即债务人或者第三人向债权人以不转移占有的方式提供一定的财产作为抵押物，用以担保债务履行的担保方式。

抵押担保的范围包括主债权及利息、违约金、损害赔偿金和实现抵押权的费用。抵押合同另有约定的，按照约定。抵押期间，抵押人转让已办理登记的抵押物的，应当通知抵押权人并告知受让人转让物已经抵押的情况；否则，转让行为无效。

债务履行期届满抵押权人未受清偿的，可以与抵押人协议以抵押物折价或者以拍卖、变卖该抵押物所得的价款受偿；协议不成的，抵押权人可以向人民法院提起诉讼。抵押物折价或者拍卖、变卖后，其价款超过债权数额的部分归抵押人，不足部分由债务人清偿。

下列财产不得抵押：土地所有权；耕地、宅基地、自留地、自留山等集体所有的土地使用权；学校、幼儿园、医院等以公益为目的的事业单位、社会团体的教育设施、医疗卫生设施和其他社会公益设施；所有权、使用权不明或者有争议的财产；依法被查封、扣押、监管的财产；依法不得抵押的其他财产。

抵押人以土地使用权、城市房地产权作为抵押物时，当事人应办理抵押物登记，抵押合同自登记之日起生效。对于其他财产（主要是动产），是否办理登记由当事人选择，抵押合同自签订之日起生效。

（3）质押，是指债务人或者第三人将其动产或权力移交债权人占有，作为债权的担保。债务人或者第三人为出质人，债权人为质权人，移交的动产或权利为质物。

能用作质押的动产没有限制；能用作质押的权利包括汇票、支票、本票、债券、存款单、仓单、提单；依法可以转让的股份、股票；依法可以转让的商标专用权，专利权、著作权中的财产权；依法可以质押的其他权利。

（4）留置，是指合同当事人一方依照法律的规定或合同的约定，占有合同中对方的财产，有权留置以保护自身合法权益的行为。

只有法律规定的合同种类才能适用留置这种担保形式，包括保管合同、运输合同、加工承揽合同。租赁合同、买卖合同等都不能适用留置。

（5）定金，是指当事人双方为了保证债务的履行，约定由当事人一方先行支付给对方一定数额的货币作为担保。

定金的数额由当事人约定，但不得超过主合同标的额的20%。定金合同要采用书面形式，并在合同中约定交付定金的期限，定金合同从实际交付定金之日生效。

债务人履行债务后，定金应抵作价款或者收回。给付定金的一方不履行约定的债务的，无权要求返还定金；收受定金的一方不履行约定债务的，应当双倍返还定金。

附：【某银行开具的工程项目无条件履约保函样例】

致：（业主名称、地址）

鉴于（承包人名称、地址）（以下称“承包人”）已保证按（合同名称、编号及签署日期）（以下称“合同”）实施（工程简况）；且鉴于你方在上述合同中要求承包人通过经认可的银行向你方提交合同规定金额的保证金，作为承包人履行本合同责任的担保；而且本行同意为承包人出具本银行保函；本行作为担保人在此代表承包人向你方确认承担支付人民币（金额）元的责任，在你方第一次书面提出要求得到上述金额内的任何付款时，本行即予支付，不挑剔、不争辩、也不要求你方出具证明或说明背景或理由。

本行放弃你方应先向承包人要求赔偿上述金额然后再向本行提出要求的权力。

我行还同意：在业主和承包人之间的合同条款、合同项下的工程或合同文件发生变化、补充或修改后，我行承担本保函的责任也不改变；上述变化、补充或修改也无须通知我行。

本保函至缺陷责任期终止后二十八（28）天内保持有效。

担保人签字盖章：

地址：

银行名称：

日期：

六、诉讼时效

（一）诉讼时效的概念

诉讼时效是指权利人在法定期间内不行使权利就丧失请求人民法院保护其民事权利的法律制度。诉讼时效制度有助于促使财产所有人及时行使权利，也为法院准确、及时地审理民事纠纷提供便利，以有效地保护当事人的财产权利。

（二）诉讼时效期间

我国《民法典》规定，向人民法院请求保护民事权利的诉讼时效期间为 3 年。

对于下列诉讼，其时效期间为 1 年：

（1）身体受到伤害要求赔偿的；

（2）出售质量不合格的商品未声明的；

（3）延付或者拒付租金的；

（4）寄存财产被丢失或者损毁的。

我国《民法典》规定，因国际货物买卖合同和技术进出口合同争议提起诉讼或者申请仲裁的，其诉讼时效期限为 4 年。

诉讼时效的期间从权利人知道或者应当知道其权利被侵害之日起开始计算。但是，从权利被侵害之日起，超过 20 年的，人民法院不予保护。超过诉讼时效期间，当事人自愿履行的，不受诉讼时效限制。

（三）诉讼时效的中止和中断

诉讼时效的中止是指在诉讼时效期间的最后 6 个月内，由于不可抗力或其他障碍，权利人不能行使请求权，诉讼时效期间暂停计算，从障碍消除之日起，诉讼时效期间继续计算。例如，在诉讼时效期间的最后 6 个月内，权利被侵害但无民事行为能力的人可以认定为因其他障碍不能行使请求权，适用诉讼时效中止。

诉讼时效的中断是指因提起诉讼、当事人一方提出要求或者同意履行义务而中断。从中断时起，诉讼时效期间重新计算，原来经过的时效期间统归无效。

（四）诉讼时效的延长

诉讼时效的延长是指人民法院对于已经届满的诉讼时效给予适当的延长。《民法典》规定，有特殊情况的，人民法院可以延长诉讼时效期间。这一特殊情况是指权利人由于客观的障碍在法定诉讼时效期间不能行使请求权。

【思考与练习】

1. 试就我国法律体系的主要类型和形式绘制结构框架图。
2. 试述合同法律关系主体和客体的概念和类别。
3. 试述代理的概念及特征。
4. 委托代理授权有哪些要求？试就某一代理事项起草一份委托授权书。
5. 无权代理的表现形式有哪些？
6. 谈谈财产所有权的概念、特征和内容。
7. 担保有几种形式？具体有哪些规定？
8. 网上查找投标保函和预付款保函样例，并熟悉其写法。
9. 我国法律对诉讼时效有哪些规定？

【在线测试题】

扫码书背面的二维码，获取答题权限。

第二章
合 同 法

学习目标

本章要求熟悉合同的形式和内容，掌握合同订立的程序，要约和承诺、合同成立、格式条款的规定，掌握缔约过失责任构成条件及责任承担，合同生效的规定，效力待定合同、无效合同、可变更或可撤销合同的情形及后果，掌握合同履行的原则和规则，熟悉合同变更、转让和终止的规定，掌握违约责任及承担方式，掌握合同争议的解决方式，熟悉仲裁和诉讼的特点和要求。

第一节 合同的订立及效力

我国1999年颁布《中华人民共和国合同法》并修编入2020年颁布的《中华人民共和国民法典》合同编（以下简称合同法），旨在保护合同当事人的合法权益，维护社会经济秩序，促进社会主义现代化建设。合同法属于私法（私人利益关系）、财产法（不涉及人身关系）、交易法（实现有利交易）、自治法（合同自由）。合同法中所称合同是指平等主体的自然人、法人、其他组织之间设立、变更、终止民事权利义务关系的协议。

根据合同法，可将合同分为三大类型：一是财产权让与型合同，包括买卖合同，供用电、水、气、热力合同，赠与合同，借款合同；二是财产权利用型合同，包括租赁合同，融资租赁合同；三是服务提供型合同，包括承揽合同，建设工程合同，运输合同，技术合同，保管合同，仓储合同，委托合同，行纪合同，居间合同。

一、合同的订立

当事人订立合同，应当具有相应的民事权利能力和民事行为能力。当事人依法可以委托代理人订立合同。

（一）合同的形式

当事人订立合同，有书面形式、口头形式和其他形式。法律法规规定采用书面形式的，或当事人约定采用书面形式的，应当采用书面形式。

1. 书面形式

书面形式是指合同书、信件和数据电文（包括电报、电传、传真、电子数据交换和电子邮件）等可以有形地表现所载内容的形式。书面合同的优点在于有据可查、权利义务记载清楚、便于履行，发生纠纷时容易举证和分清责任。书面合同是实践中广泛采用的一种合同形式。建设工程合同应当采用书面形式。

（1）合同书。合同书是书面合同的一种，也是合同中常见的一种。合同书有标准合同书与非标准合同书之分。标准合同书是指合同条款由当事人一方预先拟定，对方只能表示同意或者不同意的合同书，也即格式条款合同；非标准合同书是指合同条款完全由当事人双方协商一致所签订的合同书。

（2）信件。信件是当事人就要约与承诺的内容相互往来的普通信函。信件的内容一般记载于纸张上，因而也是书面形式的一种。它与通过电脑及其网络手段而产生的信件不同，后者被称为电子邮件。

（3）数据电文。数据电文包括传真、电子数据交换和电子邮件等。其中，传真是通过电子方式来传递信息的，其最终传递结果总是产生一份书面材料。而电子数据交换和电子邮件虽然也是通过电子方式传递信息，可以产生以纸张为载体的书面资料，但也可以被储存在磁带、磁盘或接收者选择的其他非纸张的中介物上。

2. 口头形式

口头形式是指当事人用谈话的方式订立的合同，如当面交谈、电话联系等。口头合同形式一般运用于标的数额较小和即时结清的合同。例如，到商店、集贸市场购买商品，基本上都是采用口头合同形式。以口头形式订立合同，其优点是建立合同关系简便、迅速，缔约成本低。但在发生争议时，难以取证、举证，不易分清当事人的责任，可通过开发票、购物小票等凭证加以补救。

3. 其他形式

其他形式是指除书面形式、口头形式以外的方式来表现合同内容的形式，主要包括默示形式和推定形式。默示形式是指当事人既不用口头形式、书面形式，也不用实施任何行为，而是以消极的不作为的方式进行的意思表示。默示形式只有在法律有特别规定的情况下才能运用。推定形式是指当事人不用语言、文字，而是通过某种有目的的行为表达自己意思的一种形式，从当事人的积极行为中，可以推定当事人已进行意思表示，如在自动售货机投币购物。

（二）合同的内容

合同的内容由当事人约定，由一群权利义务关系构成，一般包括：当事人的名称或姓名和住所，标的，数量，质量，价款或者报酬，履行的期限、地点和方式，违约责任，解决争议的方法。

合同法在分则中对建设工程合同（包括工程勘察、设计、施工合同）内容进行了专门规定。

（1）勘察、设计合同的内容，包括提交基础资料和文件（包括概预算）的期限、质量要求、费用以及其他协作条件等条款。

（2）施工合同的内容，包括工程范围、建设工期、中间交工工程的开工和竣工时间、工程质量、工程造价、技术资料交付时间、材料和设备供应责任、拨款和结算、竣工验收、质量保修范围和质量保证期、双方相互协作等条款。

（三）合同订立的程序

当事人订立合同，需要经过要约和承诺两个阶段。

1. 要约

要约是希望与他人订立合同的意思表示。

（1）要约及其有效的条件。要约应当符合如下规定：

①内容具体确定；

②表明经受要约人承诺，要约人即受该意思表示约束。也就是说，要约必须是特定人的意思表示，必须是以缔结合同为目的，必须具备合同的主要条款。

有些合同在要约之前还会有要约邀请。所谓要约邀请，是希望他人向自己发出要约的意思表示。要约邀请并不是合同成立过程中的必经过程，它是当事人订立合同的预备行为，这种意思表示的内容往往不确定，不含有合同得以成立的主要内容和相对人同意后受其约束的表示，在法律上无须承担责任。寄送的价目表、拍卖公告、招标公告、招股说明书、商业广告等为要约邀请。商业广告的内容符合要约规定的，视为要约。

（2）要约的生效。要约到达受要约人时生效。如采用数据电文形式订立合同，收件人指定特定系统接收数据电文的，该数据电文进入该特定系统的时间，视为到达时间；未指定特定系统的，该数据电文进入收件人的任何系统的首次时间，视为到达时间。

（3）要约的撤回和撤销。要约可以撤回，撤回要约的通知应当在要约到达受要约人之前或者与要约同时到达受要约人。

要约可以撤销，撤销要约的通知应当在受要约人发出承诺通知之前到达受要约人。但有下列情形之一的，要约不得撤销：

①要约人确定了承诺期限或者以其他形式明示要约不可撤销；

②受要约人有理由认为要约是不可撤销的，并已经为履行合同作了准备工作。

（4）要约的失效。有下列情形之一的，要约失效：

①拒绝要约的通知到达要约人；

②要约人依法撤销要约；

③承诺期限届满，受要约人未作出承诺；

④受要约人对要约的内容作出实质性变更。

2. 承诺

承诺是受要约人同意要约的意思表示。除根据交易习惯或者要约表明可以通过行为作出承诺的之外，承诺应当以通知的方式作出。

（1）承诺的期限。承诺应当在要约确定的期限内到达要约人。要约没有确定承诺期限的，承诺应当依照下列规定到达：

①除非当事人另有约定，以对话方式作出的要约，应当即时作出承诺；

②以非对话方式作出的要约，承诺应当在合理期限内到达。

以信件或者电报作出的要约，承诺期限自信件载明的日期或者电报交发之日开始计算。信件未载明日期的，自投寄该信件的邮戳日期开始计算。以电话、传真等快速通信方式作出的要约，承诺期限自要约到达受要约人时开始计算。

（2）承诺的生效。承诺通知到达要约人时生效。承诺不需要通知的，根据交易习惯或者要约的要求作出承诺的行为时生效。采用数据电文形式订立合同的，承诺到达的时间适用于要约到达受要约人时间的规定。

受要约人在承诺期限内发出承诺，按照通常情形能够及时到达要约人，但因其他原因承诺到达要约人时超过承诺期限的，除要约人及时通知受要约人因承诺超过期限不接受该承诺的以外，该承诺有效。

国际上两大不同法系对承诺的生效有不同的规定：大陆法系采用到达主义（或送达主义）的做法，即承诺到达要约人时开始生效；而英美法系则采用发信主义（或投邮主义），即除非另有约定，受要约人将承诺信件投入邮箱或送交电信局时，承诺即告生效。我国合同法对承诺的生效采用了到达主义。

（3）承诺的撤回。承诺可以撤回，撤回承诺的通知应当在承诺通知到达要约人之前或者与承诺通知同时到达要约人。

（4）逾期承诺。受要约人超过承诺期限发出承诺的，除要约人及时通知受要约人该承诺有效的以外，为新要约。

（5）要约内容的变更。承诺的内容应当与要约的内容一致，即遵循“镜像规则”。有关合同标的、数量、质量、价款或者报酬、履行期限、履行地点和方式、违约责任和解决争议方法等的变更，是对要约内容的实质性变更。受要约人对要约的内容作出实质性变更的，为新要约。

承诺对要约的内容作出非实质性变更的，除要约人及时表示反对或者要约表明承诺不得对要约的内容作出任何变更的以外，该承诺有效，合同的内容以承诺的内容为准。

（四）合同的成立

承诺生效时合同成立。

1. 合同成立的时间

当事人采用合同书形式订立合同的，自双方当事人签字或者盖章时合同成立。当事人采用信件、数据电文等形式订立合同的，可以在合同成立之前要求签订确认书。签订确认书时合同成立。

2. 合同成立的地点

承诺生效的地点为合同成立的地点。采用数据电文形式订立合同的，收件人的主营业地为合同成立的地点；没有主营业地的，其经常居住地为合同成立的地点。当事人另有约定的，按照其约定。当事人采用合同书形式订立合同的，双方当事人签字或者盖章的地点为合同成立的地点。

3. 合同成立的其他情形

合同成立的情形还包括：

（1）法律、行政法规规定或者当事人约定采用书面形式订立合同，当事人未采用书面形式但一方已经履行主要义务，对方接受的。

（2）采用合同书形式订立合同，在签字或者盖章之前，当事人一方已经履行主要义务，对方接受的。

合同的成立只要求就合同最低限度的内容达成合意即可，其他内容可以通过合同解释或立法的补充性规定加以补充。

（五）格式条款

格式条款是当事人为了重复使用而预先拟定，并在订立合同时未与对方协商的条款。

1. 格式条款提供者的义务

采用格式条款订立合同，有利于提高当事人双方合同订立过程的效率、减少交易成本、避免合同订立过程中因当事人双方一事一议而可能造成的合同内容的不确定性。但由于格式条款的提供者往往在经济地位方面具有明显的优势，在行业中居于垄断地位，因而导致其在拟定格式条款时，会更多地考虑自己的利益，而较少考虑另一方当事人的权利或者附加种种限制条件。为此，提供格式条款的一方应当遵循公平的原则确定当事人之间的权利义务关系，并采取合理的方式提请对方注意免除或限制其责任的条款，按照对方的要求，对该条款予以说明。

2. 格式条款无效

提供格式条款一方免除自己责任、加重对方责任、排除对方主要权利的，该条款无效。此外，合同法规定的合同无效的情形，同样适用于格式合同条款。

3. 格式条款的解释

对格式条款的理解发生争议的，应当按照通常理解予以解释。对格式条款有两种以上解释的，应当作出不利于提供格式条款一方的解释。格式条款和非格式条款（个别商议条款）不一致的，应当采用非格式条款。

（六）缔约过失责任

缔约过失责任发生于合同不成立或者合同无效的缔约过程。其构成条件：一是合同尚未成立；二是缔约当事人有过错，若无过错，则不承担责任；三是对缔约一方有损害后果发生，若无损失，亦不承担责任；四是缔约当事人的过错行为与造成的损失之间有因果关系。

当事人在订立合同过程中有下列情形之一，给对方造成损失的，应当承担损害赔偿责任：

（1）假借订立合同，恶意进行磋商；

（2）故意隐瞒与订立合同有关的重要事实或者提供虚假情况；

（3）有其他违背诚实信用原则的行为。

当事人在订立合同过程中知悉的商业秘密，无论合同是否成立，不得泄露或者不正当地使用。泄露或者不正当地使用该商业秘密给对方造成损失的，应当承担损害赔偿责任。

二、合同的效力

（一）合同生效

合同生效与合同成立是两个不同的概念。合同的成立，是指双方当事人依照有关法律对合同的内容进行协商并达成一致的意见。合同成立的判断依据是承诺是否生效。合同生效，是指合同产生法律上的效力，即具有法律约束力。合同成立后，必须具备相应的法律条件才能生效，否则合同是无效的。在通常情况下，合同依法成立之时，就是合同生效之日，二者在时间上是同步的。但有些合同在成立后，并非立即产生法律效力，而是需要其他条件成就之后，才开始生效。

1. 合同生效的条件

合同生效应当具备如下基本条件：一是当事人应具有相应的民事权利能力和民事行为能力；二是当事人意思表示真实，即效果意思和表示行为都要真实；三是要遵守公序良俗，不得违反法律或损害社会公共利益。

2. 合同生效的时间

依法成立的合同，自成立时生效。依照法律、行政法规规定应当办理批准、登记等手续的，待手续完成时合同生效。

3. 附条件和附期限的合同

（1）附条件的合同。当事人对合同的效力可以约定附条件。附生效条件的合同，自条件成就时生效。附解除条件的合同，自条件成就时失效。当事人为自己的利益不正当地阻止条件成就的，视为条件已成就；不正当地促成条件成就的，视为条件不成就。

（2）附期限的合同。当事人对合同的效力可以约定附期限。附生效期限的合同，自期限届至时生效。附终止期限的合同，自期限届满时失效。

（二）效力待定合同

效力待定合同是指合同已经成立，但合同效力能否产生尚不能确定的合同。效力待定合同主要是由于当事人缺乏缔约能力、财产处分能力或代理人的代理资格和代理权限存在缺陷所造成的。效力待定合同包括：限制民事行为能力人订立的合同和无权代理人代订的合同。

1. 限制民事行为能力人订立的合同

根据我国《民法典》，限制民事行为能力人是指 8 周岁以上不满 18 周岁的未成年人，以及不能完全辨认自己行为的成年人。限制民事行为能力人订立的合同，经法定代理人追认后，该合同有效，但纯获利益的合同或者与其年龄、智力、精神健康状况相适应而订立的合同，不必经法定代理人追认。

由此可见，限制民事行为能力人订立的合同并非一律无效，在以下几种情形下订立的合同是有效的：

（1）经过其法定代理人追认的合同，即为有效合同；

（2）纯获利益的合同，即限制民事行为能力人订立的接受奖励、赠与、报酬等只需获得利益而不需其承担任何义务的合同，不必经其法定代理人追认，即为有效合同；

（3）与限制民事行为能力人的年龄、智力、精神健康状况相适应而订立的合同，不必经其法定代理人追认，即为有效合同。

与限制民事行为能力人订立合同的相对人可以催告法定代理人在 1 个月内予以追认。法定代理人未作表示的，视为拒绝追认。合同被追认之前，善意相对人有撤销的权利。撤销应当以通知的方式作出。

2. 无权代理人代订的合同

无权代理人代订的合同主要包括行为人没有代理权、超越代理权限范围或者代理权终止后仍以被代理人的名义订立的合同。

（1）无权代理人代订的合同对被代理人不发生效力的情形。行为人没有代理权、超越代理权或者代理权终止后以被代理人名义订立的合同，未经被代理人追认，对被代理人不发生效力，由行为人承担责任。

与无权代理人签订合同的相对人可以催告被代理人在 1 个月内予以追认。被代理人未作表示的，视为拒绝追认。合同被追认之前，善意相对人有撤销的权利。撤销应当以通知的方式作出。

无权代理人代订的合同是否对被代理人发生法律效力，取决于被代理人的态度。与无权代理人签订合同的相对人催告被代理人在 1 个月内予以追认时，被代理人未作表示或表示拒绝的，视为拒绝追认，该合同不生效。被代理人表示予以追认的，该合同对被代理人发生法律效力。在催告开始至被代理人追认之前，该合同对于被代理人的法律效力处于待定状态。

（2）无权代理人代订的合同对被代理人具有法律效力的情形。行为人没有代理权、超越代理权或者代理权终止后以被代理人名义订立合同，相对人有理由相信行为人有代理权的，该代理行为有效。这是合同法针对表见代理情形所作出的规定。所谓表见代理，是善意相对人通过被代理人的行为足以相信无权代理人具有代理权的情形。

在通过表见代理订立合同的过程中，如果相对人无过错，即相对人不知道或者不应当知道（无义务知道）无权代理人没有代理权时，使相对人相信无权代理人具有代理权的理由是否正当、充分，就成为是否构成表见代理的关键。如果确实存在充分、正当的理由并足以使相对人相信无权代理人具有代理权，则无权代理人的代理行为有效，即无权代理人通过其表见代理行为与相对人订立的合同具有法律效力。

（3）法人或者其他组织的法定代表人、负责人超越权限订立的合同的效力。法人或者其他组织的法定代表人、负责人超越权限订立的合同，除相对人知道或者应当知道其超越权限的以外，该代表行为有效。这是因为法人或者其他组织的法定代表人、负责人的身份应当被视为法人或者其他组织的全权代理人，他们有资格代表法人或者其他组织为民事行为而不需要获得法人或者其他组织的专门授权，其代理行为的法律后果由法人或者其他组织承担。但是，如果相对人知道或者应当知道法人或者其他组织的法定代表人、负责人在代表法人或者其他组织与自己订立合同时超越其代表（代理）权限，仍然订立合同的，该合同将不具有法律效力。

（4）无处分权的人处分他人财产合同的效力。在现实经济活动中，通过合同处分财产（如赠与、转让、抵押、留置等）是常见的财产处分方式。当事人对财产享有处分权是通过合同处分财产的必要条件。无处分权的人处分他人财产的合同一般为无效合同。但是，无处分权的人处分他人财产，经权利人追认或者无处分权的人订立合同后取得处分权的，该合同有效。

（三）无效合同

无效合同是指其内容和形式违反了法律、行政法规的强制性规定，或者损害了国家利益、集体利益、第三人利益和社会公共利益，因而不为法律所承认和保护、不具有法律效力的合同。无效合同的确认权归人民法院或者仲裁机构，合同当事人或其他任何机构均无权认定合同无效。无效合同通常分两种情况，即整个合同无效和合同的部分条款无效。

1. 无效合同的情形

有下列情形之一的，合同无效：

（1）一方以欺诈、胁迫的手段订立合同，损害国家利益；

（2）恶意串通，损害国家、集体或第三人利益；

（3）以合法形式掩盖非法目的；

（4）损害社会公共利益；

（5）违反法律、行政法规的强制性规定。

2. 合同部分条款无效的情形

合同中的下列免责条款无效：

（1）造成对方人身伤害的；

（2）因故意或者重大过失造成对方财产损失的。

免责条款是当事人在合同中规定的某些情况下免除或者限制当事人所负未来合同责任的条款。在一般情况下，合同中的免责条款都是有效的。但是，如果免责条款所产生的后果具有社会危害性和侵权性，侵害了对方当事人的人身权利和财产权利，则该免责条款将不具有法律效力。

（四）可变更或可撤销的合同

可变更、可撤销合同是指欠缺一定的合同生效条件，但当事人一方可依照自己的意思使合同的内容得以变更或者使合同的效力归于消灭的合同。可变更、可撤销合同的效力取决于当事人的意思，属于相对无效的合同。当事人根据其意思，若主张合同有效，则合同有效；若主张合同无效，则合同无效；若主张合同变更，则合同可以变更。

1. 合同可以变更或者撤销的情形

当事人一方有权请求人民法院或者仲裁机构变更或者撤销的合同有：

（1）因重大误解订立的；

（2）在订立合同时显失公平的。

一方以欺诈、胁迫的手段或者乘人之危，使对方在违背真实意思的情况下订立的合同，受损害方有权请求人民法院或者仲裁机构变更或者撤销。

当事人请求变更的，人民法院或者仲裁机构不得撤销。

2. 撤销权的消灭

撤销权是指受损害的一方当事人对可撤销的合同依法享有的、可请求人民法院或仲裁机构撤销该合同的权利。享有撤销权的一方当事人称为撤销权人。撤销权应由撤销权人行使，并应向人民法院或者仲裁机构主张该项权利。而撤销权的消灭是指撤销权人依照法律享有的撤销权由于一定法律事由的出现而归于消灭的情形。

有下列情形之一的，撤销权消灭：

（1）具有撤销权的当事人自知道或者应当知道撤销事由之日起 1 年内没有行使撤销权；

（2）具有撤销权的当事人知道撤销事由后明确表示或者以自己的行为放弃撤销权。

由此可见，当具有法律规定的可以撤销合同的情形时，当事人应当在规定的期限内行使其撤销权，否则，超过法律规定的期限时，撤销权归于消灭。此外，若当事人放弃撤销权，则撤销权也归于消灭。

3. 无效合同或者被撤销合同的法律后果

无效合同或者被撤销的合同自始没有法律约束力。合同部分无效，不影响其他部分效力的，其他部分仍然有效。合同无效、被撤销或者终止的，不影响合同中独立存在的有关解决争议方法的条款的效力，如根据《仲裁法》规定：仲裁协议独立存在，合同的变更、解除、终止或者无效，不影响仲裁协议的效力。

合同无效或被撤销后，履行中的合同应当终止履行；尚未履行的，不得履行。根据不当得利返还责任和缔约过失责任原则，对当事人依据无效合同或者被撤销的合同而取得的财产应当依法进行如下处理：

（1）返还财产或折价补偿。当事人依据无效合同或者被撤销的合同所取得的财产，应当予以返还；不能返还或者没有必要返还的，应当折价补偿。

（2）赔偿损失。合同被确认无效或者被撤销后，有过错的一方应赔偿对方因此所受到的损失。双方都有过错的，应当各自承担相应的责任。

（3）收归国家所有或者返还集体、第三人。当事人恶意串通，损害国家、集体或者第三人利益的，因此取得的财产收归国家所有或者返还集体、第三人。

第二节　合同的履行变更终止

一、合同的履行

（一）合同履行的原则

合同履行是合同各方当事人按合同规定，全面履行各自的义务，实现各自的权利，使各方的目的得以实现的行为。

合同履行的原则主要包括全面适当履行原则和诚实信用原则。

1. 全面适当履行原则

全面履行是指合同订立后，当事人应当按照合同约定，全面履行自己的义务，包括履行义务的主体、标的、数量、质量、价款或者报酬以及履行的期限、地点、方式等。适当履行是指当事人应按照合同规定的标的及其质量、数量，由适当的主体、在适当的时间、适当的地点，以适当的履行方式履行合同义务，以保证当事人的合法权益。

2. 诚实信用原则

诚实信用是指当事人讲诚实、守信用，遵守商业道德，以善意的心理履行合同。当事人不仅要保证自己全面履行合同约定的义务，还应顾及对方的经济利益，为对方履行创造条件，发现问题及时协商解决，以较小的履约成本，取得最佳的合同效益，还应根据合同的性质、目的和交易习惯履行通知、协助、保密等义务。

（二）合同履行的一般规则

合同生效后，当事人就质量、价款或者报酬、履行地点等内容没有约定或者约定不明确的，可以协议补充；不能达成补充协议的，按照合同有关条款或者交易习惯确定。依照上述规定仍不能确定的，适用下列规定：

（1）质量要求不明确的，按照国家标准、行业标准履行；没有国家标准、行业标准的，按照通常标准或者符合合同目的的特定标准履行。

（2）价款或者报酬不明确的，按照订立合同时履行地的市场价格履行；依法应当执行政府定价或者政府指导价的，按照规定履行。

（3）履行地点不明确，给付货币的，在接受货币一方所在地履行；交付不动产的，在不动产所在地履行；其他标的，在履行义务一方所在地履行。

（4）履行期限不明确的，债务人可以随时履行，债权人也可以随时要求履行，但应当给对方必要的准备时间。

（5）履行方式不明确的，按照有利于实现合同目的的方式履行。

（6）履行费用的负担不明确的，由履行义务一方负担。

（三）合同履行的特殊规则

1. 价格调整

合同法规定，执行政府定价或政府指导价的，在合同约定的交付期限内政府价格调整时，按照交付时的价格计价。逾期交付标的物的，遇价格上涨时，按照原价格执行；价格下降时，按照新价格执行。逾期提取标的物或者逾期付款的，遇价格上涨时，按照新价格执行；价格下降时，按照原价格执行。

2. 代为履行

是指由合同以外的第三人代替合同当事人履行合同。与合同转让不同，代为履行并未变更合同的权利义务主体，只是改变了履行主体。合同法规定：

（1）当事人约定由债务人向第三人履行债务的，债务人未向第三人履行债务或者履行债务不符合约定，应当向债权人承担违约责任。

（2）当事人约定由第三人向债权人履行债务，第三人不履行债务或者履行债务不符合约定，债务人应当向债权人承担违约责任。

3. 提前履行

合同通常应按照约定的期限履行，提前或迟延履行属违约行为，因此，债权人可以拒绝债务人提前履行债务，但提前履行不损害债权人利益的除外，此时，因债务人提前履行债务给债权人增加的费用，由债务人负担。

4. 部分履行

合同通常应全部履行，债权人可以拒绝债务人部分履行债务，但部分履行不损害债权人利益的除外，此时，因债务人部分履行债务给债权人增加的费用，由债务人负担。

二、合同的变更和转让

（一）合同的变更

合同的变更是指对已经依法成立的合同，在承认其法律效力的前提下，对其进行修改或补充。当事人协商一致，可以变更合同。当事人对合同变更的内容约定不明确，令人难以判断约定的新内容与原合同内容的本质区别，则推定为未变更。

（二）合同的转让

合同转让是当事人一方取得另一方同意后将合同的权利义务转让给第三方的法律行为。合同转让是合同变更的一种特殊形式，它不是变更合同中规定的权利义务内容，而是变更合同主体。

1. 债权转让

债权人可以将合同的权利全部或者部分转让给第三人，但下列三种债权不得转让：①根据合同性质不得转让；②按照当事人约定不得转让；③依照法律规定不得转让。

若债权人转让权利，债权人应当通知债务人。未经通知，该转让对债务人不发生效力。除非经受让人同意，债权人转让权利的通知不得撤销。

债权让与后，该债权由原债权人转移给受让人，受让人取代让与人（原债权人）成为新债权人，依附于主债权的从债权也一并转移给受让人，如抵押权、留置权等。为保护债务人利益，不致其因债权转让而蒙受损失，凡债务人对让与人的抗辩权（例如同时履行的抗辩权等），可以向受让人主张。

2. 债务转让

应当经债权人同意，债务人才能将合同的义务全部或者部分转移给第三人。

债务人转移义务后，原债务人可享有的对债权人的抗辩权也随债务转移而由新债务人享有，新债务人可以主张原债务人对债权人的抗辩权。与主债务有关的从债务，如附随于主债务的利息债务，也随债务转移而由新债务人承担。

3. 债权、债务一并转让

当事人一方经对方同意，可以将自己在合同中的权利和义务一并转让给第三人。权利和义务一并转让的处理，适用上述有关债权人和债务人转让的有关规定。

当事人订立合同后合并的，由合并后的法人或其他组织行使合同权利，履行合同义务。当事人订立合同后分立的，除另有约定外，由分立的法人或其他组织对合同的权利和义务享有连带债权，承担连带债务。

三、合同的终止

（一）合同终止的条件

合同终止，是指当事人之间根据合同确定的权利义务在客观上不复存在，据此合同不再对双方具有约束力。合同终止的情形包括：①债务已经按照约定履行；②合同解除；③债务相互抵销；④债务人依法将标的物提存；⑤债权人免除债务；⑥债权债务同归于一人；⑦法律规定或者当事人约定终止的其他情形。

债权人免除债务人部分或者全部债务的，合同的权利义务部分或者全部终止；债权和债务同归于一人的，合同的权利义务终止，但涉及第三人利益的除外。

合同权利义务的终止，不影响合同中结算和清理条款的效力以及通知、协助、保密等义务的履行。

（二）合同的解除

合同的解除，是指当事人一方在合同规定的期限内未履行、未完全履行或者不能履行合同时，另一方当事人或者发生不能履行情况的当事人可以根据法律规定的或者合同约定的条件，通知对方解除双方合同关系的法律行为。

1. 合同解除的条件

合同解除的条件可分为约定解除条件和法定解除条件。

（1）约定解除条件，包括：①当事人协商一致，可以解除合同；②当事人可以约定一方解除合同的条件。解除合同的条件成就时，解除权人可以解除合同。

（2）法定解除条件，包括：①因不可抗力致使不能实现合同目的；②在履行期限届满之前，当事人一方明确表示或者以自己的行为表明不履行主要债务；③当事人一方迟延履行主要债务，经催告后在合理期限内仍未履行；④当事人一方迟延履行债务或者有其他违约行为致使不能实现合同目的；⑤法律规定的其他情形。

2. 合同解除权的行使

合同解除权应在法律规定或者当事人约定的解除权期限内行使，期限届满当事人不行使的，该权利消灭。如法律没有规定或者当事人没有约定期限，应当在合理期限内行使，经对方催告后在合理期限内不行使的，该权利消灭。

当事人解除合同时，应当通知对方，并且自通知到达对方时合同解除。若对方对解除合同持有异议，可以请求人民法院或者仲裁机构确认解除合同的效力。法律、行政法规规定解除合同应当办理批准、登记等手续的，在解除时应依照其规定办理手续。

（三）合同债务的抵销

抵销是当事人互有债权、债务，在到期后，各以其债权低偿所付债务的民事法律行为，是合同权利义务终止的方法之一。

除依照法律规定或者按照合同性质不得抵销的之外，当事人应互负到期债务，该债务的标的物种类、品质相同的，任何一方可以将自己的债务与对方的债务抵销。当事人主张抵销的，应当通知对方。通知自到达对方时生效。当事人互负债务，标的物种类、品质不相同的，经双方协商一致，也可以抵销。

（四）标的物的提存

提存是指由于债权人的原因致使债务人难以履行债务时，债务人可以将标的物交给有关机关保存，以此消灭合同的制度。

债务的履行往往要有债权人的协助，如果由于债权人的原因致使债务人无法向其交付标的物，不能履行债务，使债务人总是处于随时准备履行债务的局面，这对债务人来讲是不公平的。因此，法律规定了提存制度，并作为合同权利义务关系终止的情况之一。

有下列情形之一，难以履行债务的，债务人可以将标的物提存：①债权人无正当理由拒绝受领；②债权人下落不明；③债权人死亡未确定继承人或者丧失民事行为能力未确定监护人；④法律规定的其他情形。如果标的物不适于提存或者提存费用过高，债务人可以依法拍卖或者变卖标的物，提存所得的价款。

标的物提存后，除债权人下落不明的外，债务人应当及时通知债权人或债权人的继承人、监护人。标的物提存后、毁损、灭失的风险和提存费用由债权人负担。提存期间，标的物的孳息归债权人所有。

债权人可以随时领取提存物，但债权人对债务人负有到期债务的，在债权人未履行债务或提供担保之前，提存部门根据债务人的要求应当拒绝其领取提存物。

债权人领取提存物的权利期限为 5 年，超过该期限，提存物扣除提存费用后归国家所有。

第三节 违约责任及争议解决

一、违约责任

（一）违约责任及其特点

违约责任是指合同当事人任何一方不履行合同义务或者履行合同义务不符合约定而应当承担的法律责任。与其他责任制度相比，违约责任有以下主要特点：

1. 违约责任以有效合同为前提

与侵权责任和缔约过失责任不同，违约责任必须以当事人双方事先存在的有效合同关系为前提。如果双方不存在合同关系，或者虽订立过合同，但合同无效或已被撤销，则当事人不可能承担违约责任。

2. 违约责任以违反合同义务为要件

违约责任是当事人违反合同义务的法律后果。因此，只有当事人违反合同义务，不履行或者不适当履行合同时，才应承担违约责任。

3. 违约责任可由当事人在法定范围内约定

违约责任主要是一种赔偿责任，因此，可由当事人在法律规定的范围内自行约定。只要约定不违反法律，就具有法律约束力。

4. 违约责任是一种民事赔偿责任

首先，它是由违约方向守约方承担的民事责任，无论是违约金还是赔偿金，均是平等主体之间的支付关系；其次，违约责任的确定，通常应以补偿守约方的损失为标准，贯彻损益相当的原则。

（二）违约责任的承担

1. 违约责任的承担方式

当事人一方不履行合同义务或者履行合同义务不符合约定的，应当承担继续履行、采取补救措施或者赔偿损失等违约责任。

（1）继续履行。继续履行是指在合同当事人一方不履行合同义务或者履行合同义务不符合合同约定时，另一方合同当事人有权要求其在合同履行期限届满后继续按照原合同约定的主要条件履行合同义务的行为。继续履行是合同当事人一方违约时，其承担违约责任的首选方式。

①违反金钱债务时的继续履行。当事人一方未支付价款或者报酬的，对方可以要求其支付价款或者报酬。

②违反非金钱债务时的继续履行。当事人一方不履行非金钱债务或者履行非金钱债务不符合约定的，对方可以要求履行，但有下列情形之一的除外：法律上或者事实上不能履行；债务的标的不适于强制履行或者履行费用过高；债权人在合理期限内未要求履行。

（2）采取补救措施。如果合同标的物的质量不符合约定，应当按照当事人的约定承担违约责任。对违约责任没有约定或者约定不明确的，可以协议补充；不能达成补充协议的，按照合同有关条款或者交易习惯确定。依照上述办法仍不能确定的，受损害方根据标的的性质以及损失的大小，可以合理选择要求对方承担修理、更换、重作、退货、减少价款或者报酬等违约责任。

（3）赔偿损失。当事人一方不履行合同义务或者履行合同义务不符合约定的，在履行义务或者采取补救措施后，对方还有其他损失的，应当赔偿损失。损失赔偿额应当相当于因违约所造成的损失，包括合同履行后可以获得的利益，但不得超过违反合同一方订立合同时预见到或者应当预见到的因违反合同可能造成的损失。

当事人一方违约后，对方应当采取适当措施防止损失的扩大；没有采取适当措施致使损失扩大的，不得就扩大的损失要求赔偿。当事人因防止损失扩大而支出的合理费用，由违约方承担。

经营者对消费者提供商品或者服务有欺诈行为的，依照《消费者权益保护法》的规定承担损害赔偿责任。

（4）违约金。当事人可以约定一方违约时应当根据违约情况向对方支付一定数额的违约金，也可以约定因违约产生的损失赔偿额的计算方法。约定的违约金低于造成的损失的，当事人可以请求人民法院或者仲裁机构予以增加；约定的违约金过分高于造成的损失的，当事人可以请求人民法院或者仲裁机构予以适当减少。

当事人就迟延履行约定违约金的，违约方支付违约金后，还应当履行债务。

（5）定金。当事人可以依照法律约定一方向对方给付定金作为债权的担保。

当事人既约定违约金，又约定定金的，一方违约时，对方可以选择适用违约金或者定金条款。

2. 违约责任的承担主体

（1）合同当事人双方违约时违约责任的承担。当事人双方都违反合同的，应当各自承担相应的责任。

（2）因第三人原因造成违约时违约责任的承担。当事人一方因第三人的原因造成违约的，应当向对方承担违约责任。当事人一方和第三人之间的纠纷，依照法律规定或者依照约定解决。

二、合同争议的解决

合同争议是指合同当事人之间对合同履行状况和合同违约责任承担等问题所产生的意见分歧。合同争议的解决方式有和解、调解、仲裁或者诉讼。

（一）合同争议的和解与调解

和解与调解是解决合同争议的常用和有效方式。当事人可以通过和解或者调解解决合同争议。

（1）和解。和解是合同当事人之间发生争议后，在没有第三人介入的情况下，合同当事人双方在自愿、互谅的基础上，就已经发生的争议进行商谈并达成协议，自行解决争议的一种方式。和解方式简便易行，有利于加强合同当事人之间的协作，使合同能更好地得到履行。

（2）调解。调解是指合同当事人于争议发生后，在第三者的主持下，根据事实、法律和合同，经过第三者的说服与劝解，使发生争议的合同当事人双方互谅、互让，自愿达成协议，从而公平、合理地解决争议的一种方式。

与和解相同，调解也具有方法灵活、程序简便、节省时间和费用、不伤害发生争议的合同当事人双方的感情等特征，而且由于有第三者的介入，可以缓解发生争议的合同双方当事人之间的对立情绪，便于双方较为冷静、理智地考虑问题。同时，由于第三者常常能够站在较为公正的立场上，较为客观、全面地看待、分析争议的有关问题并提出解决方案，从而有利于争议的公正解决。

参与调解的第三者不同，调解的性质也就不同。调解有民间调解、仲裁机构调解和法庭调解三种。

（二）合同争议的仲裁

仲裁是指发生争议的合同当事人双方根据合同中约定的仲裁条款或者争议发生后由其达成的书面仲裁协议，将合同争议提交给仲裁机构并由仲裁机构按照仲裁法律规范的规定居中裁决，从而解决合同争议的法律制度。当事人不愿协商、调解或协商、调解不成的，可以根据合同中的仲裁条款或事后达成的书面仲裁协议，提交仲裁机构仲裁。

根据我国《仲裁法》，对于合同争议的解决，实行“或裁或审制”，即发生争议的合同当事人双方只能在“仲裁”或者“诉讼”两种方式中选择一种方式解决其合同争议。

仲裁遵守自愿原则、公平合理原则、依法独立进行原则、一裁定终局原则。仲裁裁决具有法律约束力，合同当事人应当自觉执行裁决，不执行的，另一方当事人可以申请有管辖权的人民法院强制执行。裁决作出后，当事人就同一争议再申请仲裁或者向人民法院起诉的，仲裁机构或者人民法院不予受理。但当事人对仲裁协议的效力有异议的，可以请求仲裁机构作出决定或者请求人民法院作出裁定。

（三）合同争议的诉讼

诉讼是指合同当事人依法将合同争议提交人民法院受理，由人民法院依司法程序通过调查、作出判决、采取强制措施等来处理争议的法律制度。有下列情形之一的，合同当事人可以选择诉讼方式解决合同争议：

（1）合同争议的当事人不愿和解、调解的；

（2）经过和解、调解未能解决合同争议的；

（3）当事人没有订立仲裁协议或者仲裁协议无效的；

（4）仲裁裁决被人民法院依法裁定撤销或者不予执行的。

合同当事人双方可以在签订合同时约定选择诉讼方式解决合同争议，并依法选择有管辖权的人民法院，但不得违反《民事诉讼法》关于级别管辖和专属管辖的规定。对于一般的合同争议，由被告住所地或者合同履行地人民法院管辖。建设工程施工合同以施工行为地为合同履行地。

【思考与练习】

1. 合同的形式和基本内容有哪些？
2. 关于要约和承诺有哪些具体规定？
3. 缔约过失责任的构成条件有哪些？
4. 哪些合同属于效力待定的合同？
5. 关于可变更或可撤销合同有哪些规定？
6. 合同的履行有哪些一般规则？
7. 合同终止和合同解除有哪些条件？
8. 试对合同争议的仲裁和诉讼方式进行比较。

【在线测试题】

扫码书背面的二维码，获取答题权限。

第三章

建筑法和建设工程质量及安全管理条例

学习目标

本章要求通过学习《建筑法》，掌握施工许可证规定，熟悉从业资格要求，掌握建筑工程发包与承包、工程监理、安全生产、工程质量管理的要求。通过学习《建设工程质量管理条例》，掌握建设、勘察、设计、施工、工程监理单位的质量责任和义务，掌握工程质量保修制度及最低保修期限的规定，了解工程质量监督检查、竣工验收备案、事故报告制度。通过学习《建设工程安全生产管理条例》，掌握施工单位、建设单位的安全责任，并熟悉勘察、设计、工程监理、机械设备配件供应、施工机械设施安装单位的安全责任，了解政府部门安全监管规定，熟悉生产安全事故的应急救援和调查处理。

第一节 建 筑 法

《中华人民共和国建筑法》主要适用于各类房屋建筑及其附属设施的建造和与其配套的线路、管道、设备的安装活动，但其中关于施工许可、企业资质审查和工程发包、承包、禁止转包，以及工程监理、安全和质量管理的规定，也适用于其他专业建筑工程的建筑活动。

一、建筑许可

建筑许可包括建筑工程施工许可和从业资格两个方面。

（一）建筑工程施工许可

1. 施工许可证的申领

除国务院建设行政主管部门确定的限额以下的小型工程外，建筑工程开工前，建设单位应当按照国家有关规定向工程所在地县级以上人民政府建设行政主管部门申请领取施工许可证。按照国务院规定的权限和程序批准开工报告的建筑工程，不再领取施工许可证。

申请领取施工许可证，应当具备如下条件：

①已办理建筑工程用地批准手续；②依法应当办理建设工程规划许可证的，已经取得建设工程规划许可证；③需要拆迁的，其拆迁进度符合施工要求；④已经确定建筑施工企业；⑤有满足施工需要的资金安排、施工图纸及技术资料；⑥有保证工程质量和安全的具体措施。

2. 施工许可证的有效期限

建设单位应当自领取施工许可证之日起 3 个月内开工。因故不能按期开工的，应当向发证机关申请延期；延期以两次为限，每次不超过 3 个月。既不开工又不申请延期或者超过延期时限的，施工许可证自行废止。

3. 中止施工和恢复施工

在建的建筑工程因故中止施工的，建设单位应当自中止施工之日起 1 个月内，向发证机关报告，并按照规定做好建设工程的维护管理工作。

建筑工程恢复施工时，应当向发证机关报告；中止施工满 1 年的工程恢复施工前，建设单位应当报发证机关核验施工许可证。

按照国务院有关规定批准开工报告的建筑工程，因故不能按期开工或者中止施工的，应当及时向批准机关报告情况。因故不能按期开工超过 6 个月的，应当重新办理开工报告的批准手续。

（二）从业资格

（1）单位资质。从事建筑活动的施工企业、勘察、设计和监理单位，按照其拥有的注册资本、专业技术人员、技术装备、已完成的建筑工程业绩等资质条件，划分为不同的资质等级，经资质审查合格，取得相应等级的资质证书后，方可在其资质等级许可的范围内从事建筑活动。

（2）专业技术人员资格。从事建筑活动的专业技术人员，如建筑师、结构工程师、造价工程师、监理工程师、建造师等，应当依法取得相应的执业资格证书，并在执业资格证书许可的范围内从事建筑活动。

二、建筑工程发包与承包

1. 建筑工程发包

（1）发包方式。建筑工程依法实行招标发包，对不适于招标发包的可以直接发包。建筑工程实行招标发包的，发包单位应当将建筑工程发包给依法中标的承包单位。建筑工程实行直接发包的，发包单位应当将建筑工程发包给具有相应资质条件的承包单位。

（2）禁止行为。提倡对建筑工程实行总承包，禁止将建筑工程肢解发包。建筑工程的发包单位可以将建筑工程的勘察、设计、施工、设备采购一并发包给一个工程总承包单位。但是，不得将应当由一个承包单位完成的建筑工程肢解成若干部分发包给几个承包单位。

按照合同约定，建筑材料、建筑构配件和设备由工程承包单位采购的，发包单位不得指定承包单位购入用于工程的建筑材料、建筑构配件和设备或者指定生产厂、供应商。

2. 建筑工程承包

（1）承包资质。承包建筑工程的单位应当持有依法取得的资质证书，并在其资质等级许可的业务范围内承揽工程。

禁止建筑施工企业超越本企业资质等级许可的业务范围或者以任何形式用其他建筑施工企业的名义承揽工程。禁止建筑施工企业以任何方式允许其他单位或个人使用本企业的资质证书、营业执照，以本企业的名义承揽工程。

（2）联合承包。大型建筑工程或结构复杂的建筑工程，可以由两个以上的承包单位联合共同承包。共同承包的各方对承包合同的履行承担连带责任。两个以上不同资质等级的单位实行联合共同承包的，应当按照资质等级低的单位的业务许可范围承揽工程。

（3）工程分包。建筑工程总承包单位可以将承包工程中的部分工程发包给具有相应资质条件的分包单位。但是，除总承包合同中已约定的分包外，必须经建设单位认可。施工总承包的，建筑工程主体结构的施工必须由总承包单位自行完成。

建筑工程总承包单位按照总承包合同的约定对建设单位负责；分包单位按照分包合同的约定对总承包单位负责。总承包单位和分包单位就分包工程对建设单位承担连带责任。

（4）禁止行为。禁止承包单位将其承包的全部建筑工程转包给他人，或将其承包的全部建筑工程肢解以后以分包的名义分别转包给他人。禁止总承包单位将工程分包给不具备资质条件的单位。禁止分包单位将其承包的工程再分包。

3. 建筑工程造价

建筑工程的发包单位与承包单位应当依法订立书面合同，明确双方的权利和义务。建筑工程造价应当按照国家有关规定，由发包单位与承包单位在合同中约定。

发包单位和承包单位应当全面履行合同约定的义务。不按照合同约定履行义务的，依法承担违约责任。发包单位应当按照合同的约定，及时拨付工程款项。

三、建筑工程监理

国家推行建筑工程监理制度。实行监理的建筑工程，建设单位与其委托的工程监理单位应当订立书面委托监理合同。实施建筑工程监理前，建设单位应当将委托的工程监理单位、监理的内容及监理权限，书面通知被监理的建筑施工企业。

工程监理单位应当根据建设单位的委托，客观、公正地执行监理任务。工程监理人员发现工程设计不符合建筑工程质量标准或者合同约定的质量要求的，应当报告建设单位要求设计单位改正；认为工程施工不符合工程设计要求、施工技术标准和合同约定的，有权要求建筑施工企业改正。

四、建筑工程安全生产管理

建筑工程安全生产管理必须坚持安全第一、预防为主的方针，建立健全安全生产的责任制度和群防群治制度。

建筑工程设计应当符合按照国家规定制定的建筑安全规程和技术规范，保证工程的安全性能。建筑施工企业在编制施工组织设计时，应当根据建筑工程的特点制定相应的安全技术措施；对专业性较强的工程项目，应当编制专项安全施工组织设计，并采取安全技术措施。

建筑施工企业应当在施工现场采取维护安全、防范危险、预防火灾等措施；有条件的，应当对施工现场实行封闭管理。施工现场对毗邻的建筑物、构筑物和特殊作业环境可能造成损害的，建筑施工企业应当采取措施加以保护。

施工现场安全由建筑施工企业负责。实行施工总承包的，由总承包单位负责。分包单位向总承包单位负责，服从总承包单位对施工现场的安全生产管理。建筑施工企业应当依法为职工参加工伤保险缴纳工伤保险费。鼓励企业为从事危险作业的职工办理意外伤害保险，支付保险费。

涉及建筑主体和承重结构变动的装修工程，建设单位应当在施工前委托原设计单位或者具有相应资质条件的设计单位提出设计方案；没有设计方案的，不得施工。房屋拆除应当由具备保证安全条件的建筑施工单位承担，由建筑施工单位负责人对安全负责。

五、建筑工程质量管理

建设单位不得以任何理由，要求建筑设计单位或建筑施工单位违反法律、行政法规和建筑工程质量、安全标准，降低工程质量，建筑设计单位和建筑施工单位应当拒绝建设单位的此类要求。

建筑工程的勘察、设计单位必须对其勘察、设计的质量负责。勘察、设计文件应当符合有关法律、行政法规的规定和建筑工程质量、安全标准，建筑工程勘察、设计技术规范以及合同的约定。设计文件选用的建筑材料、建筑构配件和设备，应当注明其规格、型号、性能等技术指标，其质量要求必须符合国家规定的标准。建筑设计单位对设计文件选用的建筑材料、建筑构配件和设备，不得指定生产厂、供应商。

建筑施工企业对工程的施工质量负责。建筑施工企业必须按照工程设计图纸和施工技术标准施工，不得偷工减料。工程设计的修改由原设计单位负责，建筑施工企业不得擅自修改工程设计。建筑施工企业必须按照工程设计要求、施工技术标准和合同的约定，对建筑材料、构配件和设备进行检验，不合格的不得使用。

建筑工程竣工经验收合格后，方可交付使用；未经验收或验收不合格的，不得交付使用。交付竣工验收的建筑工程，必须符合规定的建筑工程质量标准，有完整的工程技术经济资料和经签署的工程保修书，并具备国家规定的其他竣工条件。

建筑工程实行质量保修制度。保修范围应当包括地基基础工程、主体结构工程、屋面防水工程和其他土建工程，以及电气管线、上下水管线的安装工程，供热、供冷系统工程等项目。保修的期限应当按照保证建筑物合理寿命年限内正常使用、维护使用者合法权益的原则确定。

第二节 建设工程质量管理条例

为了加强对建设工程质量的管理，保证建设工程质量，《建设工程质量管理条例》明确了建设单位、勘察单位、设计单位、施工单位、工程监理单位的质量责任和义务，以及工程质量保修期限。

一、建设单位的质量责任和义务

1. 工程发包

建设单位应当将工程发包给具有相应资质等级的单位。建设单位不得将建设工程肢解发包。建设单位应当依法对工程建设项目的勘察、设计、施工、监理以及与工程建设有关的重要设备、材料等的采购进行招标，不得迫使承包方以低于成本的价格竞标，不得任意压缩合理工期，不得明示或者暗示设计单位或者施工单位违反工程建设强制性标准，降低建设工程质量。

建设单位必须向有关的勘察、设计、施工、工程监理等单位提供与建设工程有关的原始资料。原始资料必须真实、准确、齐全。

2. 施工图设计文件审查

建设单位应当将施工图设计文件报县级以上人民政府建设主管部门或者其他有关部门审查。施工图设计文件未经审查批准的，不得使用。

3. 工程监理

实行监理的建设工程，建设单位应当委托具有相应资质等级的工程监理单位进行监理，也可以委托具有工程监理相应资质等级并与被监理工程的施工承包单位没有隶属关系或者其他利害关系的该工程的设计单位进行监理。

4. 工程施工

（1）建设单位在领取施工许可证或者开工报告前，应当按照国家有关规定办理工程质量监督手续。

（2）按照合同约定，由建设单位采购建筑材料、建筑构配件和设备的，建设单位应当保证建筑材料、建筑构配件和设备符合设计文件和合同要求。建设单位不得明示或者暗示施工单位使用不合格的建筑材料、建筑构配件和设备。

（3）涉及建筑主体和承重结构变动的装修工程，建设单位应当在施工前委托原设计单位或者具有相应资质等级的设计单位提出设计方案；没有设计方案的，不得施工。房屋建筑使用者在装修过程中，不得擅自变动房屋建筑主体和承重结构。

5. 工程竣工验收

建设单位收到建设工程竣工报告后，应当组织设计、施工、工程监理等有关单位进行竣工验收；建设工程经验收合格的，方可交付使用。建设工程竣工验收应当具备下列条件：

（1）完成建设工程设计和合同约定的各项内容；

（2）有完整的技术档案和施工管理资料；

（3）有工程使用的主要建筑材料、建筑构配件和设备的进场试验报告；

（4）有勘察、设计、施工、工程监理等单位分别签署的质量合格文件；

（5）有施工单位签署的工程保修书。

建设单位应当严格按照国家有关档案管理的规定，及时收集、整理建设项目各环节的文件资料，建立、健全建设项目档案，并在建设工程竣工验收后，及时向建设行政主管部门或者其他有关部门移交建设项目档案。

二、勘察、设计单位的质量责任和义务

1. 工程承揽

从事建设工程勘察、设计的单位应当依法取得相应等级的资质证书，并在其资质等级许可的范围内承揽工程。禁止勘察、设计单位超越其资质等级许可的范围或者以其他勘察、设计单位的名义承揽工程。禁止勘察、设计单位允许其他单位或者个人以本单位的名义承揽工程。勘察、设计单位不得转包或者违法分包所承揽的工程。

2. 勘察设计

勘察、设计单位必须按照工程建设强制性标准进行勘察、设计，并对其勘察、设计的质量负责。勘察单位提供的地质、测量、水文等勘察成果必须真实、准确。设计单位应当根据勘察成果文件进行建设工程设计。设计文件应当符合国家规定的设计深度要求，注明工程合理使用年限。注册建筑师、注册结构工程师等注册执业人员应当在设计文件上签字，对设计文件负责。设计单位还应当就审查合格的施工图设计文件向施工单位作出详细说明。

设计单位在设计文件中选用的建筑材料、建筑构配件和设备，应当注明规格、型号、性能等技术指标，其质量要求必须符合国家规定的标准。除有特殊要求的建筑材料、专用设备、工艺生产线等外，设计单位不得指定生产厂、供应商。

设计单位还应当参与建设工程质量事故分析，并对因设计造成的质量事故，提出相应的技术处理方案。

三、施工单位的质量责任和义务

1. 工程承揽

施工单位应当依法取得相应等级的资质证书，并在其资质等级许可的范围内承揽工程。禁止施工单位超越本单位资质等级许可的业务范围或者以其他施工单位的名义承揽工程；禁止施工单位允许其他单位或者个人以本单位的名义承揽工程；施工单位不得转包或者违法分包工程。

2. 工程施工

施工单位对建设工程的施工质量负责。施工单位应当建立质量责任制，确定工程项目的项目经理、技术负责人和施工管理负责人。施工单位还应当建立、健全教育培训制度，加强对职工的教育培训；未经教育培训或者考核不合格的人员，不得上岗作业。

建设工程实行总承包的，总承包单位应当对全部建设工程质量负责；建设工程勘察、设计、施工、设备采购的一项或者多项实行总承包的，总承包单位应当对其承包的建设工程或者采购的设备的质量负责。

总承包单位依法将建设工程分包给其他单位的，分包单位应当按照分包合同的约定对其分包工程的质量向总承包单位负责，总承包单位与分包单位对分包工程的质量承担连带责任。

施工单位必须按照工程设计图纸和施工技术标准施工，不得擅自修改工程设计，不得偷工减料。施工单位在施工过程中发现设计文件和图纸有差错的，应当及时提出意见和建议。

3. 质量检验

施工单位必须按照工程设计要求、施工技术标准和合同约定，对建筑材料、建筑构配件、设备和商品混凝土进行检验，检验应当有书面记录和专人签字；未经检验或者检验不合格的，不得使用。施工人员对涉及结构安全的试块、试件以及有关材料，应当在建设单位或者工程监理单位监督下现场取样，并送具有相应资质等级的质量检测单位进行检测。

施工单位还必须建立、健全施工质量的检验制度，严格工序管理，做好隐蔽工程的质量检查和记录。隐蔽工程在隐蔽前，施工单位应当通知建设单位和建设工程质量监督机构。施工单位对施工中出现质量问题的建设工程或者竣工验收不合格的建设工程，应当负责返修。

四、工程监理单位的质量责任和义务

1. 业务承担

工程监理单位应当依法取得相应等级的资质证书，并在其资质等级许可的范围内承担工程监理业务。禁止工程监理单位超越本单位资质等级许可的范围或者以其他工程监理单位的名义承担工程监理业务；禁止工程监理单位允许其他单位或者个人以本单位的名义承担工程监理业务；工程监理单位不得转让工程监理业务。

工程监理单位与被监理工程的施工承包单位以及建筑材料、建筑构配件和设备供应单位有隶属关系或者其他利害关系的，不得承担该项建设工程的监理业务。

2. 监理工作实施

工程监理单位应当依照法律、法规以及有关技术标准、设计文件和建设工程承包合同，代表建设单位对施工质量实施监理，并对施工质量承担监理责任。

工程监理单位应当选派具备相应资格的总监理工程师和监理工程师进驻施工现场。监理工程师应当按照工程监理规范的要求，采取旁站、巡视和平行检验等形式，对建设工程实施监理。未经监理工程师签字，建筑材料、建筑构配件和设备不得在工程上使用或者安装，施工单位不得进行下一道工序的施工。未经总监理工程师签字，建设单位不拨付工程款，不进行竣工验收。

五、工程质量保修

1. 工程质量保修制度

建设工程实行质量保修制度。建设工程承包单位在向建设单位提交工程竣工验收报告时，应当向建设单位出具质量保修书。质量保修书中应当明确建设工程的保修范围、保修期限和保修责任等。建设工程的保修期，自竣工验收合格之日起计算。

如果建设工程在保修范围和保修期限内发生质量问题，施工单位应当履行保修义务，并对造成的损失承担赔偿责任。如果建设工程在超过合理使用年限后需要继续使用，产权所有人应当委托具有相应资质等级的勘察、设计单位鉴定，并根据鉴定结果采取加固、维修等措施，重新界定使用期。

2. 工程最低保修期限

在正常使用条件下，建设工程最低保修期限为：

（1）基础设施工程、房屋建筑的地基基础工程和主体结构工程，为设计文件规定的该工程合理使用年限。

（2）屋面防水工程、有防水要求的卫生间、房间和外墙面的防渗漏，为5年。

（3）供热与供冷系统，为2个采暖期、供冷期。

（4）电气管道、给排水管道、设备安装和装修工程，为2年。

其他工程的保修期限由发包方与承包方约定。

六、监督管理

1. 工程质量监督检查

县级以上人民政府建设行政主管部门和其他有关部门履行监督检查职责时，有权采取下列措施：

（1）要求被检查的单位提供有关工程质量的文件和资料；

（2）进入被检查单位的施工现场进行检查；

（3）发现有影响工程质量的问题时，责令改正。

2. 工程竣工验收备案

建设单位应当自建设工程竣工验收合格之日起 15 日内，将建设工程竣工验收报告和规划、公安消防、环保等部门出具的认可文件或者准许使用文件报建设行政主管部门或者其他有关部门备案。

3. 工程质量事故报告

建设工程发生质量事故，有关单位应当在 24 小时内向当地建设行政主管部门和其他有关部门报告。对重大质量事故，事故发生地的建设行政主管部门和其他有关部门应当按照事故类别和等级向当地人民政府和上级建设行政主管部门和其他有关部门报告。特别重大质量事故的调查程序按照国务院有关规定办理。任何单位和个人对建设工程的质量事故、质量缺陷都有权检举、控告、投诉。

第三节　建设工程安全生产管理条例

为了加强建设工程安全生产监督管理，《建设工程安全生产管理条例》明确了建设单位、勘察单位、设计单位、施工单位、工程监理单位及其他与建设工程安全生产有关的单位的安全生产责任，并规定了生产安全事故的应急救援和调查处理。

一、建设单位的安全责任

建设单位应当向施工单位提供施工现场及毗邻区域内供水、排水、供电、供气、供热、通信、广播电视等地下管线资料，气象和水文观测资料，相邻建筑物和构筑物、地下工程的有关资料，并保证资料的真实、准确、完整。

建设单位不得对勘察、设计、施工、工程监理等单位提出不符合建设工程安全生产法律、法规和强制性标准规定的要求，不得压缩合同约定的工期；不得明示或者暗示施工单位购买、租赁、使用不符合安全施工要求的安全防护用具、机械设备、施工机具及配件、消防设施和器材。

建设单位在编制工程概算时，应当确定建设工程安全作业环境及安全施工措施所需费用；在申请领取施工许可证时，应当提供建设工程有关安全施工措施的资料。

依法批准开工报告的建设工程，建设单位应当自开工报告批准之日起15日内，将保证安全施工的措施报送建设工程所在地的县级以上地方人民政府建设行政主管部门或者其他有关部门备案。

建设单位应当将拆除工程发包给具有相应资质等级的施工单位，还应当在拆除工程施工15日前，将施工单位资质等级证明，拟拆除建筑物、构筑物及可能危及毗邻建筑的说明，拆除施工组织方案，堆放、清除废弃物的措施等资料，报送建设工程所在地的县级以上地方人民政府建设行政主管部门或者其他有关部门备案。实施爆破作业的，应当遵守国家有关民用爆炸物品管理的规定。

二、勘察、设计、工程监理及其他单位的安全责任

1. 勘察单位的安全责任

勘察单位应当按照法律、法规和工程建设强制性标准进行勘察，提供的勘察文件应当真实、准确，满足建设工程安全生产的需要。

勘察单位在勘察作业时，应当严格执行操作规程，采取措施保证各类管线、设施和周边建筑物、构筑物的安全。

2. 设计单位的安全责任

设计单位应当按照法律、法规和工程建设强制性标准进行设计，防止因设计不合理导致生产安全事故的发生。

设计单位应当考虑施工安全操作和防护的需要，对涉及施工安全的重点部位和环节在设计文件中注明，并对防范生产安全事故提出指导意见。采用新结构、新材料、新工艺的建设工程和特殊结构的建设工程，设计单位应当在设计中提出保障施工作业人员安全和预防生产安全事故的措施建议。设计单位和注册建筑师等注册执业人员应当对其设计负责。

3. 工程监理单位的安全责任

工程监理单位应当审查施工组织设计中的安全技术措施或者专项施工方案是否符合工程建设强制性标准。工程监理单位在实施监理过程中，如发现存在安全事故隐患，应当要求施工单位整改；情况严重的，应当要求施工单位暂时停止施工，并及时报告建设单位。施工单位如拒不整改或者不停止施工，工程监理单位应当及时向有关主管部门报告。

工程监理单位和监理工程师应当按照法律、法规和工程建设强制性标准实施监理，并对建设工程安全生产承担监理责任。

4. 机械设备配件供应单位的安全责任

为建设工程提供机械设备和配件的单位，应当按照安全施工的要求配备齐全有效的保险、限位等安全设施和装置。出租的机械设备和施工机具及配件，应当具有生产（制造）许可证、产品合格证。出租单位应当对出租的机械设备和施工机具及配件的安全性能进行检测，在签订租赁协议时，应当出具检测合格证明。禁止出租检测不合格的机械设备和施工机具及配件。

5. 施工机械设施安装单位的安全责任

在施工现场安装、拆卸施工起重机械和整体提升脚手架、模板等自升式架设设施，必须由具有相应资质的单位承担。安装、拆卸上述机械和设施，应当编制拆装方案、采用安全施工措施，并由专业技术人员现场监督。安装完毕后，安装单位应当自检，出具自检合格证明，并向施工单位进行安全使用说明，办理验收手续并签字。如上述机械和设施的使用达到国家规定的检验、检测期限，必须经具有专业资质的检验、检测机构检测。检验、检测机构应当出具安全合格证明文件，并对检测结果负责。经检测不合格的，不得继续使用。

三、施工单位的安全责任

1. 工程承揽

施工单位从事建设工程的新建、扩建、改建和拆除等活动，应当具备国家规定的注册资本、专业技术人员、技术装备和安全生产等条件，依法取得相应等级的资质证书，并在其资质等级许可的范围内承揽工程。

2. 安全生产责任制度

施工单位主要负责人依法对本单位的安全生产工作全面负责。施工单位应当建立、健全安全生产责任制度，制定安全生产规章制度和操作规程，保证本单位安全生产条件所需资金的投入，对所承担的建设工程进行定期和专项安全检查，并做好安全检查记录。

施工单位的项目负责人应当由取得相应执业资格的人员担任，对建设工程项目的安全施工负责，落实安全生产责任制度、安全生产规章制度和操作规程，确保安全生产费用的有效使用，并根据工程的特点组织制定安全施工措施，消除安全事故隐患，及时、如实报告生产安全事故。

建设工程实行施工总承包的，由总承包单位对施工现场的安全生产负总责。总承包单位依法将建设工程分包给其他单位的，分包合同中应当明确各自的安全生产方面的权利、义务。总承包单位和分包单位对分包工程的安全生产承担连带责任。分包单位应当服从总承包单位的安全生产管理，如分包单位不服从管理导致生产安全事故，由分包单位承担主要责任。

3. 安全生产管理费用

施工单位对列入建设工程概算的安全作业环境及安全施工措施所需费用，应当用于施工安全防护用具及设施的采购和更新、安全施工措施的落实、安全生产条件的改善，不得挪作他用。

4. 施工现场安全管理

施工单位应当设立安全生产管理机构，配备专职安全生产管理人员。专职安全生产管理人员负责对安全生产进行现场监督检查。发现安全事故隐患，应当及时向项目负责人和安全生产管理机构报告；对违章指挥、违章操作应当立即制止。专职安全生产管理人员的配备办法由国务院建设行政主管部门会同国务院其他有关部门制定。

5. 安全生产教育培训

施工单位的主要负责人、项目负责人、专职安全生产管理人员应当经建设行政主管部门或者其他有关部门考核合格后方可任职。施工单位应当建立健全安全生产教育培训制度，应当对管理人员和作业人员每年至少进行一次安全生产教育培训，其教育培训情况记入个人工作档案。安全生产教育培训考核不合格的人员，不得上岗。

作业人员进入新的岗位或者新的施工现场前，应当接受安全生产教育培训。未经教育培训或者教育培训考核不合格的人员，不得上岗作业。施工单位在采用新技术、新工艺、新设备、新材料时，应当对作业人员进行相应的安全生产教育培训。

垂直运输机械作业人员、安装拆卸工、爆破作业人员、起重信号工、登高架设作业人员等特种作业人员，必须按照国家有关规定经过专门的安全作业培训，并取得特种作业操作资格证书后，方可上岗作业。

6. 安全技术措施和专项施工方案

施工单位应当在施工组织设计中编制安全技术措施和施工现场临时用电方案，对下列达到一定规模的危险性较大的分部分项工程应编制专项施工方案，并附具安全验算结果，经施工单位技术负责人、总监理工程师签字后实施，由专职安全生产管理人员进行现场监督：①基坑支护与降水工程；②土方开挖工程；③模板工程；④起重吊装工程；⑤脚手架工程；⑥拆除、爆破工程；⑦国务院建设行政主管部门或者其他有关部门规定的其他危险性较大的工程。

上述所列工程中涉及深基坑、地下暗挖工程、高大模板工程的专项施工方案，施工单位还应当组织专家进行论证、审查。

建设工程施工前，施工单位负责项目管理的技术人员应当对有关安全施工的技术要求向施工作业班组、作业人员进行详细说明，并由双方签字确认。

7. 施工现场安全防护

施工单位应当在施工现场入口处、施工起重机械、临时用电设施、脚手架、出入通道口、楼梯口、电梯井口、孔洞口、桥梁口、隧道口、基坑边沿、爆破物及有害危险气体和液体存放处等危险部位，设置明显的符合国家标准的安全警示标志。施工单位应当根据不同施工阶段和周围环境及季节、气候的变化，在施工现场采取相应的安全施工措施。如施工现场暂时停止施工，施工单位应当做好现场防护，所需费用由责任方承担，或者按照合同约定执行。

施工单位应当向作业人员提供安全防护用具和安全防护服装，并书面告知危险岗位的操作规程和违章操作的危害。作业人员有权对施工现场的作业条件、作业程序和作业方式中存在的安全问题提出批评、检举和控告，有权拒绝违章指挥和强令冒险作业。在施工中发生危及人身安全的紧急情况时，作业人员有权立即停止作业或者在采取必要的应急措施后撤离危险区域。作业人员应当遵守安全施工的强制性标准、规章制度和操作规程，正确使用安全防护用具、机械设备等。

8. 施工现场卫生、环境与消防安全管理

施工单位应当将施工现场的办公、生活区与作业区分开设置，并保持安全距离；办公、生活区的选址应当符合安全性要求。职工的膳食、饮水、休息场所等应当符合卫生标准。施工单位不得在尚未竣工的建筑物内设置员工集体宿舍。施工现场临时搭建的建筑物应当符合安全使用要求。

施工单位对因建设工程施工可能造成损害的毗邻建筑物、构筑物和地下管线等，应当采取专项防护措施。施工单位应当遵守有关环境保护法律、法规的规定，在施工现场采取措施，防止或者减少粉尘、废气、废水、固体废物、噪声、振动和施工照明对人和环境的危害和污染。在城市市区内的建设工程，施工单位应当对施工现场实行封闭围挡。

施工单位应当在施工现场建立消防安全责任制度，确定消防安全责任人，制定用火、用电、使用易燃易爆材料等各项消防安全管理制度和操作规程，设置消防通道、消防水源，配备消防设施和灭火器材，并在施工现场入口处设置明显标志。

9. 施工机具设备安全管理

施工单位采购、租赁的安全防护用具、机械设备、施工机具及配件，应当具有生产（制造）许可证、产品合格证，并在进入施工现场前进行查验。

施工现场的安全防护用具、机械设备、施工机具及配件必须由专人管理，定期进行检查、维修和保养，建立相应的资料档案，并按照国家有关规定及时报废。

施工单位在使用施工起重机械和整体提升脚手架、模板等自升式架设设施前，应当组织有关单位进行验收，也可以委托具有相应资质的检验检测机构进行验收；如使用承租的机械设备和施工机具及配件，应由施工总承包单位、分包单位、出租单位和安装单位共同进行验收，验收合格后方可使用。《特种设备安全监察条例》规定的施工起重机械，在验收前应当经有相应资质的检验检测机构监督检验合格。

施工单位应当自施工起重机械和整体提升脚手架、模板等自升式架设设施验收合格之日起30日内，向建设行政主管部门或者其他有关部门登记。登记标志应当置于或者附着于该设备的显著位置。

四、监督管理

1. 安全施工措施的审查

建设行政主管部门在审核发放施工许可证时，应当对建设工程是否有安全施工措施进行审查，对没有安全施工措施的，不得颁发施工许可证。

建设行政主管部门或者其他有关部门对建设工程是否有安全施工措施进行审查时，不得收取费用。

2. 安全监督检查权力

县级以上人民政府负有建设工程安全生产监督管理职责的部门在各自的职责范围内履行安全监督检查职责时，有权采取下列措施：

（1）要求被检查单位提供有关建设工程安全生产的文件和资料；

（2）进入被检查单位施工现场进行检查；

（3）纠正施工中违反安全生产要求的行为；

（4）对检查中发现的安全事故隐患，责令立即排除；重大安全事故隐患排除前或者排除过程中无法保证安全的，责令从危险区域内撤出作业人员或者暂时停止施工。

建设行政主管部门或者其他有关部门可以将施工现场的监督检查委托给建设工程安全监督机构具体实施。

五、生产安全事故的应急救援和调查处理

1. 生产安全事故应急救援

县级以上地方人民政府建设行政主管部门应当根据本级人民政府的要求，制定本行政区域内建设工程特大生产安全事故应急救援预案。

施工单位应当制定本单位生产安全事故应急救援预案，建立应急救援组织或者配备应急救援人员，配备必要的应急救援器材、设备，并定期组织演练。施工单位应当根据建设工程施工的特点、范围，对施工现场易发生重大事故的部位、环节进行监控，制定施工现场生产安全事故应急救援预案。实行施工总承包的，由总承包单位统一组织编制建设工程生产安全事故应急救援预案，工程总承包单位和分包单位按照应急救援预案，各自建立应急救援组织或者配备应急救援人员，配备救援器材、设备，并定期组织演练。

2. 生产安全事故调查处理

施工单位发生生产安全事故，应当按照国家有关伤亡事故报告和调查处理的规定，及

时、如实地向负责安全生产监督管理的部门、建设行政主管部门或者其他有关部门报告；特种设备发生事故的，还应当同时向特种设备安全监督管理部门报告。接到报告的部门应当按照国家有关规定，如实上报。实行施工总承包的建设工程，由总承包单位负责上报事故。

发生生产安全事故后，施工单位应当采取措施防止事故扩大，保护事故现场。需要移动现场物品时，应当进行标记和书面记录，妥善保管有关证物。

【小资料】某工程项目施工安全管理体系框架模型，如图 3-1 所示。

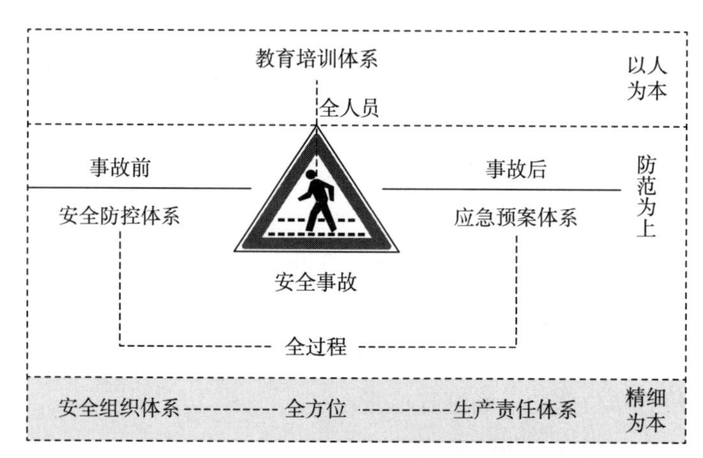

图 3-1　某工程项目施工安全管理体系框架模型

【思考与练习】

1. 施工许可证的申领和有效期限有哪些规定？
2. 法律对建筑工程发包与承包有哪些禁止性规定？
3. 工程建设各相关单位的质量责任和义务有哪些禁止性规定？
4. 试述建设工程最低保修期限的具体规定。
5. 根据建设工程安全生产管理条例列表比较工程建设相关单位的安全生产责任。

【在线测试题】

扫码书背面的二维码，获取答题权限。

第四章

采购与工程建设招标投标相关法规

学习目标

本章要求通过学习《招标投标法》，掌握招标范围、招标方式、招标文件，投标文件、联合投标、开标评标和中标的规定。通过学习《招标投标法实施条例》，掌握招标范围、邀请招标的规定，熟悉招标文件与资格审查要求，了解禁止投标限制，掌握两阶段招标、投标保证金规定，了解标底及投标限价规定，掌握投标及禁止串通投标规定，熟悉开标评标规定，掌握签订合同及履约保证金要求，了解投诉与处理程序。通过学习《政府采购法》及实施条例，了解政府采购当事人规定，熟悉政府采购方式及程序，掌握政府采购合同规定。通过学习《价格法》，了解经营者价格行为及政府定价商品、定价目录、定价依据的规定。

第一节　招标投标法

一、招标范围

根据《中华人民共和国招标投标法》（以下简称《招标投标法》），在中华人民共和国境内进行下列工程建设项目（包括项目的勘察、设计、施工、监理以及与工程建设有关的重要设备、材料等的采购），必须进行招标：

（1）大型基础设施、公用事业等关系社会公共利益、公众安全的项目；

（2）全部或者部分使用国有资金投资或者国家融资的项目；

（3）使用国际组织或者外国政府贷款、援助资金的项目。

上述项目的具体范围和规模标准，由国务院发展改革部门会同国务院有关部门制定，报国务院批准。

任何单位和个人不得将依法必须进行招标的项目化整为零或者以其他任何方式规避招标。依法必须进行招标的项目，其招标投标活动不受地区或者部门的限制。任何单位和个人不得违法限制或者排斥本地区、本系统以外的法人或者其他组织参加投标，不得以任何方式非法干涉招标投标活动。有关行政监督部门依法对招标投标活动实施监督，依法查处招标投标活动中的违法行为。

二、招标

1. 招标方式

招标分为公开招标和邀请招标两种方式。国务院发展改革部门确定的国家重点项目和省、自治区、直辖市人民政府确定的地方重点项目不适宜公开招标的，经国务院发展改革部门或者省、自治区、直辖市人民政府批准，可以进行邀请招标。

（1）招标人采用公开招标方式的，应当发布招标公告。依法必须进行招标的项目，应当通过国家指定的报刊、信息网络或者媒介发布招标公告。

（2）招标人采用邀请招标方式的，应当向 3 个以上具备承担招标项目的能力、资信良好的特定法人或者其他组织发出投标邀请书。

招标公告或投标邀请书应当载明招标人的名称和地址、招标项目的性质、数量、实施地点和时间以及获取招标文件的办法等事项。招标人不得以不合理的条件限制或者排斥潜在投标人，不得对潜在投标人实行歧视待遇。

2. 招标文件

招标人应当根据招标项目的特点和需要编制招标文件。招标文件应当包括招标项目的技术要求、对招标人资格审查的标准、投标报价要求和评标标准等所有实质性要求和条件以及拟签订合同的主要条款。招标项目需要划分标段、确定工期的，招标人应当合理划分标段、确定工期，并在招标文件中载明。

招标文件不得要求或者标明特定的生产供应者以及含有倾向或者排斥潜在投标人的其他内容。招标人不得向他人透露已获取招标文件的潜在投标人的名称、数量及可能影响公平竞争的有关招标投标的其他情况。

招标人对已发出的招标文件进行必要的澄清或者修改的，应当在招标文件要求提交投标文件截止时间至少 15 日前，以书面形式通知所有招标文件收受人。该澄清或者修改的内容为招标文件的组成部分。

3. 其他规定

招标人设有标底的，标底必须保密。招标人应当确定投标人编制投标文件所需要的合理时间。依法必须进行招标的项目，自招标文件开始发出之日起至投标人提交投标文件截止之日止，最短不得少于 20 日。

三、投标

投标人应当具备承担招标项目的能力。国家有关规定对投标人资格条件或者招标文件对投标人资格条件有规定的，投标人应当具备规定的资格条件。

1. 投标文件

（1）投标文件的内容。投标人应当按照招标文件的要求编制投标文件。投标文件应当对招标文件提出的实质性要求和条件作出响应。对属于建设施工的招标项目，投标文件的内容应当包括拟派出的项目负责人与主要技术人员的简历、业绩和拟用于完成招标项目的机械设备等。

根据招标文件载明的项目实际情况，投标人如果准备在中标后将中标项目的部分非主体、非关键工程进行分包的，应当在投标文件中载明。在招标文件要求提交投标文件的截止时间前，投标人可以补充、修改或者撤回已提交的投标文件，并书面通知招标人。补充、修改的内容为投标文件的组成部分。

（2）投标文件的送达。投标人应当在招标文件要求提交投标文件的截止时间前，将投标文件送达投标地点。招标人收到投标文件后，应当签收保存，不得开启。投标人少于3个的，招标人应当依照《招标投标法》重新招标。

在招标文件要求提交投标文件的截止时间后送达的投标文件，招标人应当拒收。

2. 联合投标

两个以上法人或者其他组织可以组成一个联合体，以一个投标人的身份共同投标。联合体各方均应具备承担招标项目的相应能力。国家有关规定或者招标文件对投标人资格条件有规定的，联合体各方均应当具备规定的相应资格条件。由同一专业的单位组成的联合体，按照资质等级较低的单位确定资质等级。

联合体各方应当签订共同投标协议，明确约定各方拟承担的工作和责任，并将共同投标协议连同投标文件一并提交给招标人。联合体中标的，联合体各方应当共同与招标人签订合同，就中标项目向招标人承担连带责任。

3. 其他规定

投标人不得相互串通投标报价，不得排挤其他投标人的公平竞争、损害招标人或其他投标人的合法权益。投标人不得与招标人串通投标，损害国家利益、社会公共利益或者他人的合法权益。投标人不得以低于成本的报价竞标，也不得以他人名义投标或者以其他方式弄虚作假，骗取中标。禁止投标人以向招标人或评标委员会成员行贿的手段谋取中标。

四、开标、评标和中标

1. 开标

开标应当在招标人的主持下，在招标文件确定的提交投标文件截止时间的同一时间、招标文件中预先确定的地点公开进行。应邀请所有投标人参加开标。开标时，由投标人或者其推选的代表检查投标文件的密封情况，也可以由招标人委托的公证机构检查并公证。经确认无误后，由工作人员当众拆封，宣读投标人名称、投标价格和投标文件的其他主要内容。

开标过程应当记录，并存档备查。

2. 评标

评标由招标人依法组建的评标委员会负责。

（1）评标委员会的组成。依法必须进行招标的项目，其评标委员会由招标人的代表和有关技术、经济等方面的专家组成，成员人数为5人以上单数。其中，技术、经济等方面的专家不得少于成员总数的2 / 3。

与投标人有利害关系的人不得进入相关项目的评标委员会，已经进入的应当进行更换。评标委员会成员的名单在中标结果确定前应当保密。

（2）投标文件的澄清或者说明。评标委员会可以要求投标人对投标文件中含义不明确的内容进行必要的澄清或者说明，但澄清或者说明不得超出投标文件的范围或改变投标文件的实质性内容。

（3）评标。招标人应当采取必要的措施，保证评标在严格保密的情况下进行。评标委员会应当按照招标文件确定的评标标准和方法，对投标文件进行评审和比较。设有标底的，应当参考标底。中标人的投标应当符合下列条件之一：

①能够最大限度地满足招标文件中规定的各项综合评价标准；

②能够满足招标文件的实质性要求，并且经评审的投标价格最低。但是，投标价格低于成本的除外。

评标委员会经评审，认为所有投标都不符合招标文件要求的，可以否决所有投标。

评标委员会完成评标后，应当向招标人提出书面评标报告，并推荐合格的中标候选人。招标人据此确定中标人。招标人也可以授权评标委员会直接确定中标人。在确定中标人前，招标人不得与投标人就投标价格、投标方案等实质性内容进行谈判。

3. 中标

中标人确定后，招标人应当向中标人发出中标通知书，并同时将中标结果通知所有未中标的投标人。中标通知书对招标人和中标人具有法律效力，中标通知书发出后，招标人改变中标结果或者中标人放弃中标项目的，应当依法承担法律责任。

招标人和中标人应当自中标通知书发出之日起30日内，按照招标文件和中标人的投标文件订立书面合同。招标人和中标人不得再订立背离合同实质性内容的其他协议。

招标文件要求中标人提交履约保证金的，中标人应当提交。依法必须进行招标的项目，招标人应当自确定中标人之日起15日内，向有关行政监督部门提交招标投标情况的书面报告。

第二节　招标投标法实施条例

为了规范招标投标活动，《招标投标法实施条例》进一步明确了招标、投标、开标、评标和中标以及投诉与处理等方面的内容，并鼓励利用信息网络进行电子招标投标。

一、招标

1. 招标范围和方式

按照国家有关规定需要履行项目审批、核准手续的依法必须进行招标的项目，其招标范围、招标方式、招标组织形式应当报项目审批、核准部门审批、核准。项目审批、核准部门应当及时将审批、核准确定的招标范围、招标方式、招标组织形式通报有关行政监督部门。

（1）可以邀请招标的项目。国有资金占控股或者主导地位必须依法进行招标的项目，应当公开招标；但有下列情形之一的，可以邀请招标：

①技术复杂、有特殊要求或者受自然环境限制，只有少量潜在投标人可供选择；

②采用公开招标方式的费用占项目合同金额的比例过大。

（2）可以不招标的项目。有下列情形之一的，可以不进行招标：

①需要采用不可替代的专利或者专有技术；

②采购人依法能够自行建设、生产或者提供；

③已通过招标方式选定的特许经营项目投资人依法能够自行建设、生产或者提供；

④需要向原中标人采购工程、货物或者服务，否则将影响施工或者功能配套要求；

⑤国家规定的其他特殊情形。

2. 招标代理机构

招标代理机构是依法设立、从事招标代理业务并提供相关服务的社会中介组织，招标代理机构应当有从事招标代理业务的营业场所和相应资金、有能够编制招标文件和组织评标的相应专业力量。

招标人应当与被委托的招标代理机构签订书面委托合同，合同约定的收费标准应当符合国家有关规定。招标代理机构不得在所代理的招标项目中投标或者代理投标，也不得为所代理的招标项目的投标人提供咨询。

3. 招标文件与资格审查

（1）资格预审公告和招标公告。公开招标的项目，应当依照《招标投标法》和《招标投标法实施条例》的规定发布招标公告、编制招标文件。招标人采用资格预审办法对潜在投标人进行资格审查的，应当发布资格预审公告、编制资格预审文件。

依法必须进行招标的项目的资格预审公告和招标公告，应当在国务院发展改革部门依法指定的媒介发布。指定媒介发布依法必须进行招标的项目的境内资格预审公告、招标公告，不得收取费用。编制依法必须进行招标项目的资格预审文件和招标文件，应当使用国务院发展改革部门会同有关行政监督部门制定的标准文本。

招标人应当按照资格预审公告、招标公告或者投标邀请书规定的时间、地点发售资格预审文件或者招标文件。资格预审文件或者招标文件的发售期不得少于5日。招标人发售资格预审文件、招标文件收取的费用应当限于补偿印刷、邮寄的成本支出，不得以营利为目的。

如潜在投标人或者其他利害关系人对资格预审文件有异议，应当在提交资格预审申请文件截止时间2日前提出；如对招标文件有异议，应当在投标截止时间10日前提出。招标人应当自收到异议之日起3日内作出答复；作出答复前，应当暂停招标投标活动。

如招标人编制的资格预审文件、招标文件的内容违反法律、行政法规的强制性规定，违反公开、公平、公正和诚实信用原则，影响资格预审结果或者潜在投标人投标，依法必须进行招标项目的招标人应当在修改资格预审文件或者招标文件后重新招标。

（2）资格预审。招标人应当合理确定提交资格预审申请文件的时间。依法必须进行招标的项目提交资格预审申请文件的时间，自资格预审文件停止发售之日起不得少于5日。

资格预审应当按照资格预审文件载明的标准和方法进行。国有资金占控股或者主导地位的必须依法进行招标的项目，招标人应当组建资格审查委员会审查资格预审申请文件。

资格预审结束后，招标人应当及时向资格预审申请人发出资格预审结果通知书。未通过资格预审的申请人不具有投标资格。通过资格预审的申请人少于3个的，应当重新招标。

招标人可以对已发出的资格预审文件或者招标文件进行必要的澄清或者修改。若澄清或者修改的内容可能影响资格预审申请文件或者投标文件编制，招标人应当在提交资格预审申请文件截止时间至少3日前，或者投标截止时间至少15日前，以书面形式通知所有获取资格预审文件或者招标文件的潜在投标人；不足3日或者15日的，招标人应当顺延提交资格预审申请文件或者投标文件的截止时间。

如招标人采用资格后审办法对投标人进行资格审查，应当在开标后由评标委员会按照招标文件规定的标准和方法对投标人的资格进行审查。

4. 招标工作的实施

（1）禁止投标限制。招标人如对招标项目划分标段，应当遵守《招标投标法》的有关规定，不得利用划分标段限制或者排斥潜在投标人。依法必须进行招标的项目的招标人不得利用划分标段规避招标。

招标人不得以不合理的条件限制、排斥潜在投标人或者投标人。招标人有下列行为之一的，属于以不合理条件限制、排斥潜在投标人或者投标人：

①就同一招标项目向潜在投标人或者投标人提供有差别的项目信息；

②设定的资格、技术、商务条件与招标项目的具体特点和实际需要不相适应或者与合同履行无关；

③依法必须进行招标的项目以特定行政区域或者特定行业的业绩、奖项作为加分条件或者中标条件；

④对潜在投标人或者投标人采取不同的资格审查或者评标标准；

⑤限定或者指定特定的专利、商标、品牌、原产地或者供应商；

⑥依法必须进行招标的项目非法限定潜在投标人或者投标人的所有制形式或者组织形式；

⑦以其他不合理条件限制、排斥潜在投标人或者投标人。

招标人不得组织单个或者部分潜在投标人踏勘项目现场。

（2）总承包招标。招标人可以依法对工程以及与工程建设有关的货物、服务全部或者部分实行总承包招标。以暂估价（指总承包招标时不能确定价格而由招标人在招标文件中暂时估定的工程、货物、服务的金额）形式包括在总承包范围内的工程、货物、服务属于依法必须进行招标的项目范围且达到国家规定规模标准的，应当依法进行招标。

（3）两阶段招标。对技术复杂或者无法精确拟定技术规格的项目，招标人可以分两阶段进行招标：

第一阶段，投标人按照招标公告或者投标邀请书的要求提交不带报价的技术建议，招标人根据投标人提交的技术建议确定技术标准和要求，编制招标文件。

第二阶段，招标人向在第一阶段提交技术建议的投标人提供招标文件，投标人按照招标文件的要求提交包括最终技术方案和投标报价的投标文件。如招标人要求投标人提交投标保证金，应当在第二阶段提出。

（4）投标有效期。招标人应当在招标文件中载明投标有效期。投标有效期从提交投标文件的截止之日起算。

（5）投标保证金。如招标人在招标文件中要求投标人提交投标保证金，投标保证金不得超过招标项目估算价的 2%。投标保证金有效期应当与投标有效期一致。依法必须进行招标的项目的境内投标单位，以现金或者支票形式提交的投标保证金应当从其基本账户转出。招标人不得挪用投标保证金。如招标人终止招标，应当及时发布公告，或者以书面形式通知被邀请的或者已经获取资格预审文件、招标文件的潜在投标人。如已经发售资格预审文件、招标文件或者已经收取投标保证金，招标人应当及时退还所收取的资格预审文件、招标文件的费用，以及所收取的投标保证金及银行同期存款利息。

（6）标底及投标限价。招标人可以自行决定是否编制标底。一个招标项目只能有一个标底。标底必须保密。接受委托编制标底的中介机构不得参加受托编制标底项目的投标，也不得为该项目的投标人编制投标文件或者提供咨询。如招标人设有最高投标限价，应当在招标文件中明确最高投标限价或者最高投标限价的计算方法。招标人不得规定最低投标限价。

二、投标

1. 投标规定

投标人参加依法必须进行招标项目的投标，不受地区或者部门的限制，任何单位和个人不得非法干涉。与招标人存在利害关系可能影响招标公正性的法人、其他组织或者个人，不得参加投标。单位负责人为同一人或者存在控股、管理关系的不同单位，不得参加同一标段投标或者未划分标段的同一招标项目投标。

投标人撤回已提交的投标文件，应当在投标截止时间前书面通知招标人。招标人已收取投标保证金的，应当自收到投标人书面撤回通知之日起 5 日内退还。投标截止后投标人撤销投标文件的，招标人可以不退还投标保证金。未通过资格预审的申请人提交的投标文件，以及逾期送达或者不按照招标文件要求密封的投标文件，招标人应当拒收。招标人应当如实记载投标文件的送达时间和密封情况，并存档备查。

招标人应当在资格预审公告、招标公告或者投标邀请书中载明是否接受联合体投标。招标人接受联合体投标并进行资格预审的，联合体应当在提交资格预审申请文件前组成。资格预审后联合体增减、更换成员的，其投标无效。如联合体各方在同一招标项目中以自己名义单独投标或者参加其他联合体投标，相关投标均无效。

投标人发生合并、分立、破产等重大变化，应当及时书面告知招标人。如投标人不再具备资格预审文件、招标文件规定的资格条件或者其投标影响招标公正性，其投标无效。

2. 属于串通投标和弄虚作假的情形

（1）投标人相互串通投标。有下列情形之一的，属于投标人相互串通投标：

①投标人之间协商投标报价等投标文件的实质性内容；

②投标人之间约定中标人；

③投标人之间约定部分投标人放弃投标或者中标；

④属于同一集团、协会、商会等组织成员的投标人按照该组织要求协同投标；

⑤投标人之间为谋取中标或者排斥特定投标人而采取的其他联合行动。

有下列情形之一的，视为投标人相互串通投标：

①不同投标人的投标文件由同一单位或者个人编制；

②不同投标人委托同一单位或者个人办理投标事宜；

③不同投标人的投标文件载明的项目管理成员为同一人；

④不同投标人的投标文件异常一致或者投标报价呈规律性差异；

⑤不同投标人的投标文件相互混装；

⑥不同投标人的投标保证金从同一单位或者个人的账户转出。

（2）招标人与投标人串通投标。有下列情形之一的，属于招标人与投标人串通投标：

①招标人在开标前开启投标文件并将有关信息泄露给其他投标人；

②招标人直接或者间接向投标人泄露标底、评标委员会成员等信息；

③招标人明示或者暗示投标人压低或者抬高投标报价；

④招标人授意投标人撤换、修改投标文件；

⑤招标人明示或者暗示投标人为特定投标人中标提供方便；

⑥招标人与投标人为谋求特定投标人中标而采取的其他串通行为。

（3）弄虚作假。投标人不得以他人名义投标，如使用通过受让或者租借等方式获取的资格、资质证书投标。投标人也不得以其他方式弄虚作假，骗取中标，包括：

①使用伪造、变造的许可证件；

②提供虚假的财务状况或者业绩；

③提供虚假的项目负责人或者主要技术人员简历、劳动关系证明；

④提供虚假的信用状况；

⑤其他弄虚作假的行为。

三、开标、评标和中标

1. 开标

招标人应当按照招标文件规定的时间、地点开标。如投标人少于 3 个，不得开标；招标人应当重新招标。如投标人对开标有异议，应当在开标现场提出，招标人应当当场作出答复，并制作记录。

2. 评标委员会

国家实行统一的评标专家专业分类标准和管理办法。具体标准和办法由国务院发展改革部门会同国务院有关部门制定。省级人民政府和国务院有关部门应当组建综合评标专家库。

依法必须进行招标的项目，其评标委员会的专家成员应当从评标专家库内相关专业的专家名单中以随机抽取方式确定。任何单位和个人不得以明示、暗示等任何方式指定或者变相指定参加评标委员会的专家成员。依法必须进行招标的项目的招标人非因招标投标法和本条例规定的事由，不得更换依法确定的评标委员会成员。评标委员会成员与投标人有利害关系的，应当主动回避。

对技术复杂、专业性强或者国家有特殊要求，采取随机抽取方式确定的专家难以保证胜任评标工作的招标项目，可以由招标人直接确定技术、经济等方面的评标专家。

有关行政监督部门应当按照规定的职责分工，对评标委员会成员的确定方式、评标专家的抽取和评标活动进行监督。行政监督部门的工作人员不得担任本部门负责监督项目的评标委员会成员。

3. 评标

招标人应当根据项目规模和技术复杂程度等因素合理确定评标时间。如超过 1/3 的评标委员会成员认为评标时间不够，招标人应当适当延长。

招标人应当向评标委员会提供评标所必需的信息，但不得明示或者暗示其倾向或者排斥特定投标人。

评标委员会成员应当按照招标文件规定的评标标准和方法，客观、公正地对投标文件提出评审意见。招标文件没有规定的评标标准和方法不得作为评标的依据。如招标项目设有标底，招标人应当在开标时公布。标底只能作为评标的参考，不得以投标报价是否接近标底作为中标条件，也不得以投标报价超过标底上下浮动范围作为否决投标的条件。

评标委员会成员不得私下接触投标人，不得收受投标人给予的财物或者其他好处，不得向招标人征询确定中标人的意向，不得接受任何单位或者个人明示或者暗示提出的倾向或者排斥特定投标人的要求，不得有其他不客观、不公正履行职务的行为。

4. 投标的否决

有下列情形之一的，评标委员会应当否决其投标：

（1）投标文件未经投标单位盖章和单位负责人签字；

（2）投标联合体没有提交共同投标协议；

（3）投标人不符合国家或者招标文件规定的资格条件；

（4）同一投标人提交两个以上不同的投标文件或者投标报价，但招标文件要求提交备选投标的除外；

（5）投标报价低于成本或者高于招标文件设定的最高投标限价；

（6）投标文件没有对招标文件的实质性要求和条件作出响应；

（7）投标人有串通投标、弄虚作假、行贿等违法行为。

5. 投标文件的澄清

投标文件中有含义不明确的内容、明显文字或者计算错误，评标委员会认为需要投标人作出必要澄清、说明的，应当书面通知该投标人。投标人的澄清、说明应当采用书面形式，并不得超出投标文件的范围或者改变投标文件的实质性内容。

评标委员会不得暗示或者诱导投标人作出澄清、说明，不得接受投标人主动提出的澄清、说明。

6. 中标

评标完成后，评标委员会应当向招标人提交书面评标报告和中标候选人名单。中标候选人应当不超过 3 个，并标明排序。

评标报告应当由评标委员会全体成员签字。对评标结果有不同意见的评标委员会成员应当以书面形式说明其不同意见和理由，评标报告应当注明该不同意见。评标委员会成员拒绝在评标报告上签字又不书面说明其不同意见和理由的，视为同意评标结果。

依法必须进行招标的项目，招标人应当自收到评标报告之日起 3 日内公示中标候选人，公示期不得少于 3 日。如投标人或者其他利害关系人对依法必须进行招标的项目的评标结果有异议，应当在中标候选人公示期间提出。招标人应当自收到异议之日起 3 日内作出答复；作出答复前，应当暂停招标投标活动。

国有资金占控股或者主导地位的依法必须进行招标的项目，招标人应当确定排名第一的中标候选人为中标人。排名第一的中标候选人放弃中标、因不可抗力不能履行合同、不按照招标文件要求提交履约保证金，或者被查实存在影响中标结果的违法行为等情形，不符合中标条件的，招标人可以按照评标委员会提出的中标候选人名单排序依次确定其他中标候选人为中标人，也可以重新招标。

中标候选人的经营、财务状况发生较大变化或者存在违法行为，招标人认为可能影响其履约能力的，应当在发出中标通知书前由原评标委员会按照招标文件规定的标准和方法审查确认。

7. 签订合同及履约

招标人和中标人应当依照招标投标法和本条例的规定签订书面合同，合同的标的、价款、质量、履行期限等主要条款应当与招标文件和中标人的投标文件的内容一致。招标人和中标人不得再行订立背离合同实质性内容的其他协议。

招标人最迟应当在书面合同签订后 5 日内向中标人和未中标的投标人退还投标保证金及银行同期存款利息。招标文件要求中标人提交履约保证金的，中标人应当按照招标文件的要求提交。履约保证金不得超过中标合同金额的 10%。

中标人应当按照合同约定履行义务，完成中标项目。中标人不得向他人转让中标项目，也不得将中标项目肢解后分别向他人转让。

中标人按照合同约定或者经招标人同意，可以将中标项目的部分非主体、非关键性工作分包给他人完成。接受分包的人应当具备相应的资格条件，并不得再次分包。中标人应当就分包项目向招标人负责，接受分包的人就分包项目承担连带责任。

四、投诉与处理

1. 投诉

如果投标人或者其他利害关系人认为招标投标活动不符合法律、行政法规规定，可以自知道或者应当知道之日起 10 日内向有关行政监督部门投诉。投诉应当有明确的请求和必要的证明材料。

2. 处理

行政监督部门应当自收到投诉之日起 3 个工作日内决定是否受理投诉，并自受理投诉之日起 30 个工作日内作出书面处理决定；需要检验、检测、鉴定、专家评审的，所需时间不计算在内。如投诉人捏造事实、伪造材料或者以非法手段取得证明材料进行投诉，行政监督部门应当予以驳回。

第三节 政府采购法及实施条例

一、概述

《中华人民共和国政府采购法》及其实施条例中规定的政府采购，是指各级国家机关、事业单位和团体组织，使用财政性资金（纳入预算管理的资金）采购依法制定的集中采购目录以内的或采购限额标准以上的货物、工程和服务的行为。

在这里，采购是指以合同方式有偿取得货物、工程和服务的行为，包括购买、租赁、委托、雇用等。其中，货物是指各种形态和种类的物品，包括原材料、燃料、设备、产品等；工程是指建设工程，包括建筑物和构筑物的新建、改建、扩建、装修、拆除、修缮等；服务是指除货物和工程以外的其他政府采购对象。

政府采购应遵循公开、公平、公正和诚实信用原则。进行招标、投标的政府采购工程，适用《招标投标法》。

政府采购实行集中采购和分散采购相结合。集中采购的范围由省级以上人民政府公布的集中采购目录确定。

二、政府采购当事人

（1）政府采购当事人包括采购人、采购代理机构和供应商等。

①采购人。采购人是指依法进行政府采购的国家机关、事业单位、团体组织。

②采购代理机构。采购代理机构是指根据采购人的委托办理采购事宜的集中采购机构，是非营利事业法人。设区的市、自治州以上人民政府根据本级政府采购项目组织集中采购的，需要设立集中采购机构。采购纳入集中采购目录的政府采购项目，必须委托集中采购机构代理采购；采购未纳入集中采购目录的政府采购项目，可以自行采购，也可以委托集中采购机构在委托的范围内代理采购。

集中采购机构进行政府采购活动，应符合采购价格低于市场平均价格、采购效率更高、采购质量优良和服务良好的要求。

③供应商。供应商是指向采购人提供货物、工程或服务的法人、其他组织或自然人。供应商参加政府采购活动应当具备下列条件：

第一，有独立承担民事责任的能力；

第二，有良好的商业信誉和健全的财务会计制度；

第三，具有履行合同所必需的设备和专业技术能力；

第四，有依法缴纳税收和社会保障资金的良好记录；

第五，参加政府采购活动前三年内，在经营活动中没有重大违法记录；

第六，法律、行政法规规定的其他条件。

两个以上的自然人、法人或者其他组织可以组成一个联合体，以一个供应商的身份共同参加政府采购。以联合体形式进行政府采购的，参加联合体的供应商应当向采购人提交联合协议，载明联合体各方承担的工作和义务。联合体各方应当共同与采购人签订采购合同，就采购合同约定的事项对采购人承担连带责任。

采购人可以要求供应商提供有关资质证明文件和业绩情况，并根据上述条件和采购项目对供应商的特定要求，对供应商的资格进行审查。但不得以不合理的条件对供应商实行差别或歧视待遇。

（2）在政府采购活动中，采购人员及相关人员与供应商有下列利害关系之一的，应当回避：

①参加采购活动前 3 年内与供应商存在劳动关系；

②参加采购活动前 3 年内担任供应商的董事、监事；

③参加采购活动前 3 年内是供应商的控股股东或者实际控制人；

④与供应商的法定代表人或者负责人有夫妻、直系血亲、三代以内旁系血亲或者近姻亲关系；

⑤与供应商有其他可能影响政府采购活动公平、公正进行的关系。

（3）采购人或者采购代理机构有下列情形之一的，属于以不合理的条件对供应商实行差别待遇或者歧视待遇：

①就同一采购项目向供应商提供有差别的项目信息；

②设定的资格、技术、商务条件与采购项目的具体特点和实际需要不相适应或者与合同履行无关；

③采购需求中的技术、服务等要求指向特定供应商、特定产品；

④以特定行政区域或者特定行业的业绩、奖项作为加分条件或者中标、成交条件；

⑤对供应商采取不同的资格审查或者评审标准；

⑥限定或者指定特定的专利、商标、品牌或者供应商；

⑦非法限定供应商的所有制形式、组织形式或者所在地；

⑧以其他不合理条件限制或者排斥潜在供应商。

三、政府采购方式及程序

政府采购的方式包括：公开招标、邀请招标、竞争性谈判、单一来源采购、询价、国务院政府采购监督管理部门认定的其他采购方式。

1. 公开招标

公开招标应作为政府采购的主要方式。采购货物或服务应采用公开招标方式的，其具体数额标准，属于中央预算的政府采购项目，由国务院规定；属于地方预算的政府采购项目，由省、自治区、直辖市人民政府规定；因特殊情况需要采用公开招标以外的采购方式，应当在采购活动开始前获得设区的市、自治州以上人民政府采购监督管理部门的批准。

采购人或采购代理机构应当在招标文件、谈判文件、询价通知书中公开采购项目预算金额。招标文件的提供期限自招标文件开始发出之日起不得少于 5 个工作日。招标文件要求投标人提交投标保证金的，投标保证金不得超过采购项目预算金额的 2%。

2. 邀请招标

符合下列情形之一的货物或服务，可采用邀请招标方式采购：

（1）具有特殊性，只能从有限范围的供应商处采购；

（2）采用公开招标方式的费用占政府采购项目总价值的比例过大。

采购人应从符合资格条件的供应商中，通过随机方式选择三家以上的供应商，并发出投标邀请书。

3. 竞争性谈判

符合下列情形之一的货物或服务，可采用竞争性谈判方式采购：

（1）招标后没有供应商投标或没有合格标的或重新招标未能成立；

（2）技术复杂或性质特殊，不能确定详细规格或具体要求；

（3）采用招标所需时间不能满足用户紧急需要；

（4）不能事先计算出价格总额。

采用竞争性谈判方式进行政府采购，应遵循下列程序：

（1）成立谈判小组。谈判小组由采购人的代表和有关专家共 3 人以上的单数组成。

（2）制定谈判文件。谈判文件应明确谈判程序、内容、合同草案的条款及评定成交的标准等事项。

（3）确定邀请参加谈判的供应商名单。谈判小组从符合资格条件的供应商名单中确定不少于 3 家的供应商参加谈判，并向其提供谈判文件。

（4）谈判。谈判小组所有成员集中与单一供应商分别进行谈判。在谈判中的任何一方不得透露与谈判有关的其他供应商的技术资料、价格和其他信息。

（5）确定成交供应商。谈判结束后，谈判小组应要求所有参加谈判的供应商在规定时间内进行最后报价，采购人根据符合采购需求、质量和服务相等且报价最低的原则确定成交供应商。

4. 单一来源采购

符合下列情形之一的货物或服务，可以采用单一来源方式采购：

（1）只能从唯一供应商处采购；

（2）发生了不可预见的紧急情况，不能从其他供应商处采购；

（3）必须保证原有采购项目一致性或服务配套的要求，需要继续从原供应商处添购，且添购资金总额不超过原合同采购金额的 10%。

采购人与供应商应在保证采购项目质量和双方商定合理价格的基础上进行采购。

5. 询价

采购的货物规格、标准统一、现货货源充足且价格变化幅度小的政府采购项目，可以采用询价方式采购。采取询价方式采购，应当遵循下列程序：

（1）成立询价小组。询价小组由采购人的代表和有关专家共 3 人以上的单数组成，询价小组应当对采购项目的价格构成和评定成交的标准等作出规定。

（2）确定被询价的供应商名单。询价小组根据采购需求，从符合资格条件的供应商名单中确定不少于 3 家的供应商。

（3）询价。询价小组要求被询价的供应商一次报出不得更改的价格。

（4）确定成交供应商。采购人根据符合采购需求、质量和服务相等且报价最低的原则确定成交供应商。

四、政府采购合同

《政府采购合同》应当采用书面形式，适用《合同法》。采购人可以委托采购代理机构代表与供应商签订政府采购合同。采购文件要求中标或者成交供应商提交履约保证金的，履约保证金的数额不得超过政府采购合同金额的 10%。

经采购人同意，中标、成交供应商可依法采取分包方式履行合同。政府采购合同履行中，采购人需追加与合同标的相同的货物、工程或服务，在不改变合同其他条款的前提下，可以与供应商协商签订补充合同，但所有补充合同的采购金额不得超过原合同采购金额的 10%。

第四节　价　格　法

《中华人民共和国价格法》中的价格包括商品价格和服务价格。大多数商品和服务价格实行市场调节价，只有极少数商品和服务价格实行政府指导价或政府定价。我国的价格管理机构是县级以上各级政府价格主管部门和其他有关部门。

一、经营者的价格行为

1. 经营者权利

经营者享有如下权利：

（1）自主制定属于市场调节的价格；

（2）在政府指导价规定的幅度内制定价格；

（3）制定属于政府指导价、政府定价产品范围内的新产品的试销价格，特定产品除外；

（4）检举、控告侵犯其依法自主定价权利的行为。

2. 经营者违规行为

经营者不得有下列不正当行为：

（1）相互串通，操纵市场价格，侵害其他经营者或消费者的合法权益；

（2）除降价处理鲜活、季节性、积压商品外，为排挤对手或独占市场，以低于成本的价格倾销，扰乱正常的生产经营秩序，侵害国家利益或者其他经营者的合法权益；

（3）捏造、散布涨价信息，哄抬价格，推动商品价格过高上涨；

（4）利用虚假或使人误解的价格手段，诱骗消费者或者其他经营者与其进行交易；

（5）对具有同等交易条件的其他经营者实行价格歧视等。

二、政府的定价行为

1. 政府定价的商品

对下列商品和服务价格，政府在必要时可以实行政府指导价或政府定价：

（1）与国民经济发展和人民生活关系重大的极少数商品价格；

（2）资源稀缺的少数商品价格；

（3）自然垄断经营的商品价格；

（4）重要的公用事业价格；

（5）重要的公益性服务价格。

2. 定价目录

政府指导价、政府定价的定价权限和具体适用范围，以中央和地方的定价目录为依据。中央定价目录由国务院价格主管部门制定、修订，报国务院批准后公布。地方定价目录由省、自治区、直辖市人民政府价格主管部门按照中央定价目录规定的定价权限和具体适用范围制定，经本级人民政府审核同意，报国务院价格主管部门审定后公布。省、自治区、直辖市人民政府以下各级地方人民政府不得制定定价目录。

3. 定价依据

政府应当依据有关商品或者服务的社会平均成本和市场供求状况、国民经济与社会发展要求以及社会承受能力，实行合理的购销差价、批零差价、地区差价和季节差价。制定关系群众切身利益的公用事业价格、公益性服务价格、自然垄断经营的商品价格时，应当建立听证会制度，征求消费者、经营者和有关方面的意见。

三、价格总水平调控

当重要商品和服务价格显著上涨或者有可能显著上涨，国务院和省、自治区、直辖市人民政府可以对部分价格采取限定差价率或者利润率、规定限价、实行提价申报制度和调价备案制度等干预措施。省、自治区、直辖市人民政府采取上述规定的干预措施，应当报国务院备案。

【思考与练习】

1. 归纳分析《招标投标法》及实施条例对招标范围和招标方式的具体规定。
2. 请对《招标投标法》及实施条例中有关日期时间限定的规定进行列表并找出规律。
3. 组建投标联合体应遵守哪些规定？
4. 《招标投标法》及实施条例对招标投标工作都有哪些禁止性规定？
5. 关于投标保证金和履约保证金的具体规定有哪些？
6. 试述法律法规对评标委员会成员组成的要求。
7. 谈谈中标人的投标应当符合什么条件。
8. 归纳分析政府采购的方式及程序。
9. 关于《政府采购合同》有哪些规定？
10. 属于政府定价的商品和服务有哪些？定价依据是什么？

【在线测试题】

扫码书背面的二维码，获取答题权限。

第五章
建设工程项目招投标管理

学习目标

本章要求掌握建设工程公开招标和邀请招标的方式，必须招标的项目范围，施工招标程序，施工招标、投标、评标阶段的具体工作内容。熟悉资格预审、招标文件的答疑及澄清修改规则，掌握投标文件、投标有效期、投标保证金的规定。掌握开标、评标工作程序和规则、两种主要评标方法及应用，确定中标人及签订合同的要求。了解如何开展投标决策、熟悉投标方案优化策略和报价策略。

第一节 建设工程招标方式及程序

一、建设工程招标的方式和范围

建设工程招标投标，是指由工程、货物或服务采购方（招标方）通过发布招标公告或投标邀请向承包商、供应商提供招标采购信息，提出所需采购项目的名称、内容、数量、质量、技术要求，交货期、竣工期或提供服务的时间，以及对承包商、供应商的资格要求等招标采购条件，由有意提供所需工程、货物或服务的承包商、供应商作为投标方，通过书面提出报价及其他响应招标要求的条件参与投标竞争，最终经招标方审查比较、择优选定中标者，并与其签订合同。

招投标是国内外进行工程建设项目采购的重要交易方式，其核心是引入了竞争机制。

根据我国《招标投标法》规定，建设工程招标分为公开招标和邀请招标两种方式。

（1）公开招标，又称无限竞争性招标，是指由招标人通过报刊、网站等大众媒体，向社会公开发布招标公告，符合规定条件的组织均可自愿参加竞标的发包方式。依法必须进行招标的项目，应当通过国家指定的报刊、信息网络或者媒介发布招标公告。

（2）邀请招标，又称有限竞争性招标或选择性招标，是指由招标人向经预先选择的特定的组织发出投标邀请书，邀请其参加投标竞争的发包方式。招标人采用邀请招标方式的，应当向 3 个以上具备承担招标项目的能力、资信良好的特定法人或者其他组织发出投标邀请书。

比较而言，公开招标的优点主要是：所有符合条件的有兴趣的投标人均可参加投标，竞争范围较广、竞争激烈，有利于开展更充分的比选，获得有竞争性的商业报价，能充分体现公开、公平、公正的招标原则。其缺点主要是：招标人事先难以估计出投标者数量，招标人可能不熟悉投标人的情况，投标人中标的概率小，招标人评标工作量大、时间长。

邀请招标的优点主要是：缩短了招投标时间，评标工作量小、费用相对少，由于邀请参加投标者的数量有限，提高了投标人的中标概率。其缺点是：缩小了竞争范围，使一些符合条件的潜在竞争者被排除在外，可能漏掉在技术和价格上更有优势的承包商，不能充分体现公开竞争、机会均等的原则。

根据《招标投标法》和2018年发布的国家发改委令《必须招标的工程项目规定》《必须招标的基础设施和公用事业项目范围规定》，在中华人民共和国境内进行下列工程建设项目（包括项目的勘察、设计、施工、监理以及与工程建设有关的重要设备、材料等的采购），必须进行招标：

（1）大型基础设施、公用事业等关系社会公共利益、公众安全的项目。必须招标的具体范围包括：

①煤炭、石油、天然气、电力、新能源等能源基础设施项目；

②铁路、公路、管道、水运，以及公共航空和A1级通用机场等交通运输基础设施项目；

③电信枢纽、通信信息网络等通信基础设施项目；

④防洪、灌溉、排涝、引（供）水等水利基础设施项目；

⑤城市轨道交通等城建项目。

（2）全部或者部分使用国有资金投资或者国家融资的项目，包括：

①使用预算资金200万元以上，并且该资金占投资额10%以上的项目；

②使用国有企业事业单位资金，并且该资金占控股或者主导地位的项目。

（3）使用国际组织或者外国政府贷款、援助资金的项目，包括：

①使用世界银行、亚洲开发银行等国际组织贷款、援助资金的项目；

②使用外国政府及其机构贷款、援助资金的项目。

上述规定范围内的项目，其勘察、设计、施工、监理以及与工程建设有关的重要设备、材料等的采购达到下列标准之一的，必须招标：

①施工单项合同估算价在400万元以上；

②重要设备、材料等货物的采购，单项合同估算价在200万元以上；

③勘察、设计、监理等服务的采购，单项合同估算价在100万元以上。

同一项目中可以合并进行的勘察、设计、施工、监理以及与工程建设有关的重要设备、材料等的采购，合同估算价合计达到上述规定标准的，必须招标。

在工程采购实践中，除公开招标和邀请招标外，还有一种谈判性采购方式称之为议标，是指招标人指定少数几家承包商，就承包范围内的有关事宜进行协商，直到达成协议，签订采购合同。议标允许买卖双方之间就报价等进行一对一的谈判，具有目标明确、省时省力的优点，但存在公平、公开和竞争性方面的缺失。通常适用于技术服务、保密工程、紧急工程、与已发包工程有联系的新增工程等。

此外，还有通过询价和直接委托等的采购方式。

二、建设工程施工招标程序

建设工程施工招标程序可以大体划分为招标准备阶段、投标阶段、评标授标阶段。施工招标过程中招标人和投标人的工作内容如表5-1所示。招标工作程序如图5-1所示。

表 5-1 施工招标过程中招标人和投标人的工作内容

阶段	工作步骤	工作内容	
		招标人	投标人
招标准备	申请审批、核准招标	就施工招标范围、招标方式、招标组织形式报项目审批、核准部门审批、核准	组成投标小组 进行市场调查 准备投标资料 研究投标策略
	组建招标组织	自行建立招标组织或招标代理机构	
	策划招标方案	划分施工标段、确定合同类型	
	招标公告或投标邀请	发布招标公告（及资格预审公告）或发出投标邀请函	
	准备招标文件	编制资格预审文件和招标文件	
投标	发售资格预审文件	发售资格预审文件	购买资格预审文件； 填报资格预审材料
	进行资格预审	分析评价资格预审材料 确定资格预审合格者 通知资格预审结果	回函收到资格预审结果
	发售招标文件	发售招标文件	购买招标文件
	现场踏勘、标前会议	组织现场踏勘和标前会议 进行招标文件的澄清和补遗	参加现场踏勘和标前会议；对招标文件提出质疑
	投标文件的编制、递交和接收	接收投标文件	编制投标文件 递交投标文件
开标评标与授标	开标	组织开标会议	参加开标会议
	评标	投标文件初评 要求投标人提交澄清资料 编写评标报告	提交澄清资料
	授标	确定中标人 发出中标通知书 进行合同谈判 签订施工合同	进行合同谈判 提交履约保函 签订施工合同

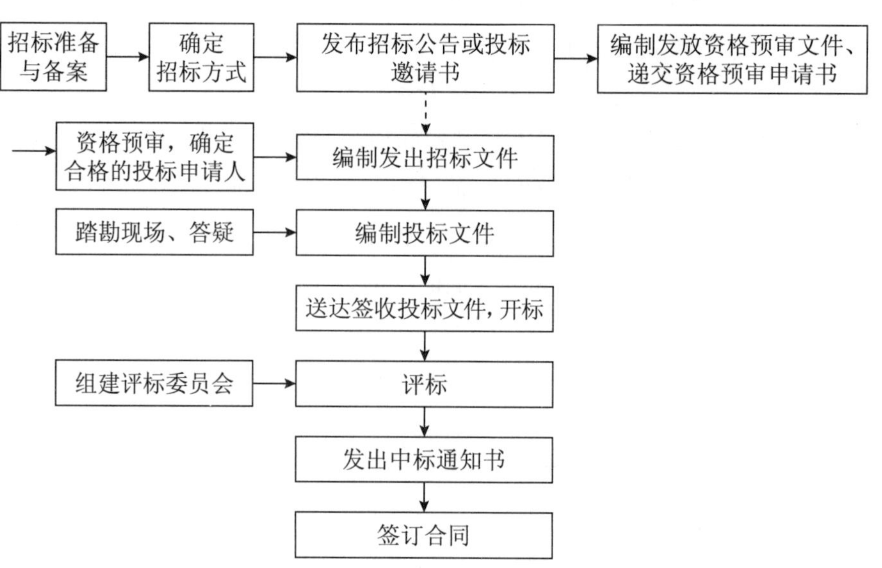

图 5-1 建设工程施工招标程序

第二节　建设工程施工招标阶段工作

招标准备阶段自招标人开始招标前期工作至发布招标公告时止，在这一阶段，其基本工作顺序是：招标准备、编制招标文件、发布招标信息，该阶段主要工作的要求和要点分述如下。

一、招标准备

（一）落实工程招标的条件

为从法律、技术和经济上保证项目能顺利实施，开展建设工程招标一般应该具备如下条件：招标人已经依法成立；初步设计及概算应当履行审批手续的，已经批准；招标范围、招标方式和招标组织形式等应当履行核准手续的，已经核准；有相应资金或资金来源已经落实；有招标所需的设计图纸及技术资料。

根据我国《招标投标法实施条例》，按照国家有关规定需要履行项目审批、核准手续的依法必须进行招标的项目，其招标范围、招标方式、招标组织形式应当报项目审批、核准部门审批、核准。项目审批、核准部门应当及时将审批、核准确定的招标范围、招标方式、招标组织形式通报有关行政监督部门。

（二）确定招标机构

发包人拥有与招标项目规模和复杂程度相适应的技术、经济等方面的专业人员，具有编制招标文件和组织评标能力时，可以自行组织招标。若不具备相应能力，应委托招标代理机构负责招标工作的有关事宜。选择招标代理机构时，应重点考察其是否具备与本次招标工作要求相应的良好业绩。

（三）标段的划分

在进行施工招标策划时，应统筹考虑工程项目规模、专业复杂程度、施工特点、工程进度计划要求、建设资金到位情况、可能参与投标者的数量和能力等进行标段划分，确定招标发包的范围、次数及时间。

如按照施工的工作顺序，先进行土建施工招标，再进行设备安装招标；对工程规模大、专业复杂的工程项目，建设单位的管理能力有限时，可考虑采用施工总承包的招标方式；

对单位工程较多的项目，可以采用平行发包，分别选择不同专业承包单位；特殊专业技术施工可以单独划分为一个独立工作包进行招标。

在大多数情况下，如果发包的数量少、所含内容多、工作复杂，则对承包商的施工及管理能力要求高、参与竞争的投标人数量可能相对较少，但对业主而言，合同管理相对单一。反之，平行发包的数量多，有利于降低投标门槛、便于利用多个承包人的技术和人力资源，发挥不同承包人的专长，但业主签订的合同数量多、对不同承包商界面管理和协调工作量大。

二、招标文件的编制

招标准备阶段应编制好招标过程中所需要的文件，文件类型可分为商务部分和技术部分，主要内容如下：

1. 资格文件

根据项目的特点，按照资格及业绩要求，审查内容和资格预审标准文件并提出具体文件内容和格式要求。

2. 投标人须知

招标人就本项目招投标工作在投标人须知中提出具体要求。主要内容包括：招标范围；计划工期；质量要求；是否接受联合体投标；踏勘现场的时间、地点；投标预备会的时间、地点；投标人提出问题的截止时间和招标人书面澄清的时间；对分包的规定；构成投标文件的其他材料；投标截止日期；投标有效期；投标保证金；是否允许递交备选投标方案；开标时间和地点；开标程序；评标委员会的组建；履约担保等。

3. 合同条件

合同条件是招标文件的重要组成，即事先向投标人明示了投标人在中标后须签订合同通用条款和专用条款的内容，包括买卖双方的工作内容分工、各方享有的权利和应承担的义务与责任、风险划分等，以便投标人在投标决策、报价和实施方案中充分考虑。合同条件一般根据项目及发包人的具体情况和要求，大多在示范合同文本基础上修改编制而成。

4. 技术规范和图纸

招标文件中应根据国际标准或国家标准及行业规范、规程等的要求，提出适合本项目的施工技术规范并作为控制工程质量施工过程和检查验收的主要依据，并提供所需工程图纸资料，投标人须依据招标文件中规范要求和图纸编制投标文件。

5. 工程量清单

招标文件中的工程量清单与技术规范和图纸等同为投标人报价的依据文件，包括工程量清单说明、投标报价说明和工程量清单表三部分内容。工程量清单表应按照《建设工程工程量清单计价规范》或行业以及国家标准颁布的工程量计价规范编制。

6. 投标书及保函等文件格式

主要包括投标人在投标文件中须填写提交的投标函格式、投标保函格式，中标后须提交的履约保函格式等。

招标人可以自行决定是否编制标底，若招标项目设有标底，应当在开标时公布。

三、招标信息的发布

招标人在完成招标备案后，需根据已确定的公开或邀请等招标方式发布招标公告或投标邀请书等招标信息，向投标人或潜在投标人简要介绍项目招标信息，以便其决定是否参与投标竞争。发布的主要内容如下：

（1）项目名称及资金来源，包括：已通过项目审批、核准或备案的批文名称及编号；项目业主（建设单位）；建设资金来源；项目出资比例；招标人的名称（项目业主或其委托的招标代理单位）。

（2）项目概况与招标范围，包括招标项目的建设地点、规模、计划工期、招标范围、标段划分等。

（3）投标人资格要求，包括投标人应具备的资质、业绩要求；是否允许联合体投标。

（4）招标文件的获取，包括购买招标文件的时间、地点、价格等。

（5）投标文件的递交，包括投标地点、投标截止时间（开标时间）等。

（6）联系方式，包括招标人及招标代理机构的联系方式、开户银行及账号等。

根据《招标投标法实施条例》的规定，投标人应当按招标公告或者投标邀请书规定的时间、地点出售招标文件或资格预审文件。招标文件或资格预审文件的发售期不得少于5日。招标人发售招标文件或资格预审文件收取的费用应当限于补偿印刷、邮寄的成本支出，不得以营利为目的。

第三节　建设工程投标阶段工作

投标阶段自招标文件开始发出之日起至投标人提交投标文件截止日止，在这一阶段，其基本工作顺序是：进行资格预审，发售招标文件，组织现场踏勘和标前会议，对招标文件进行答疑、澄清与修改，编制并递交投标文件等，该阶段主要工作的要求和要点分述如下。

一、资格预审

1. 资格预审的概念及目的

招标人可以根据招标项目的特点及对投标人的要求，提出要求投标申请人提供其资质、业绩、能力等的证明，并对投标申请人进行资格审查，可分为资格预审和资格后审。

资格预审是指投标人在招标开始之前或初期，由招标人对申请参加投标的潜在投标人进行资质条件、信誉、业绩、技术、资金、管理等多方面情况进行资格审查，经通过审查合格的潜在投标人方有资格参加投标。而资格后审则是指开标后对投标人进行的资格审查。采用资格预审的，招标人应当在资格预审文件中载明资格预审的条件、标准和方法；采用资格后审的，则应当在招标文件中载明。

通过资格预审可以使招标人了解潜在投标人的资信情况，包括财务状况、技术能力、以往完成类似工程的经验，从而选择在技术、财务和管理各方面都能满足招标工程需要的投标人参加投标，淘汰不合格的投标人；控制并掌握潜在投标人的数量，减少多余的投标；减少评标阶段的工作时间、减少评审费用；也为不合格的潜在投标人节约了可能发生无效投标的费用。招标人设定的资格预审条件应与招标项目的具体特点和实际需要相适应，由于资格预审是要选取一批有资格的投标人参加投标，如果条件门槛过高，不利于吸引足够数量的有竞争力的投标人参与竞标；反之如果数量过低，则可能出现投标人良莠不齐，工程质量难以保证等问题。

2. 资格审查的内容

资格审查的内容通常包括：

（1）投标企业基本情况，如企业名称、注册地址、营业执照、资质证书、主要业务概述、组织机构等。

（2）企业财务状况，如公司资本结构、近3年经审计的财务报表（损益表、资产负债表、现金流量表），近年承担的建设项目名称及合同额等。

（3）人力资源情况，包括企业高管、管理人员、技术人员基本情况，拟参加本项目主要人员（项目经理、技术负责人及专业工程师）基本情况、与本项目相适应的工作经验等。

（4）装备，企业拥有的机械设备，特别是计划用于本工程的施工机械设备情况。

（5）业绩，企业最近几年已完成工程项目，尤其是承担与招标项目类似工程的基本情况，目前承担的在建项目的基本情况等。

（6）履约及违约状况，在最近数年中是否有重大违约或解除合同的情况，介入诉讼案件的情况等。

（7）体系认证情况，企业通过质量保证体系、环境管理体系、健康和安全体系的情况等。

（8）组建联合体情况，招标人应当在资格预审公告、招标公告或投标邀请书中载明是否接受联合体投标，如接受并进行资格预审，联合体应在提交资格预审申请文件前组成。

如资格预审后联合体增减、更换成员，则投标无效。

3. 资格预审结果

资格预审结束后，招标人应当将评审结果及时以书面形式向所有参加资格预审的申请人发出资格预审结果通知，对于通过评审的申请人，还应通知其获取招标文件的时间、地点和方法；未通过资格预审的申请人则被淘汰出局。通过资格预审的申请人少于3个的，应当重新招标。

如招标人采用资格后审办法对投标人进行资格审查，则应当在开标后由评标委员会按照招标文件规定的标准和方法对投标人的资格进行审查，经资格后审不合格的投标人的投标应作废标处理。

二、现场踏勘和标前会议

现场踏勘和标前会议均不是招标的必经程序，是否需要组织由招标人根据项目招标的实际需要来确定。

1. 现场踏勘

招标人邀请所有潜在的投标人到招标工程现场进行实地踏勘考察。投标人通过对现场的考察，了解工地的自然环境、地形地貌、施工条件、道路交通、周边资源条件等，核实招标文件中的有关资料和数据，以便对招标项目进行正确的判断，确定适合的施工方案，选择正确的投标策略，确定正确的投标报价；同时也努力避免将来项目实施过程中承包商以不了解现场情况为由推卸责任。考察宜由项目投标决策人员、拟派到项目的负责人参加。

2. 标前会议

标前会议，又称投标预备会，是投标人按投标须知规定的时间和地点，主要为解答投标人研究招标文件和现场考察中提出的问题所召开的会议。在标前会议上，招标人除了介绍工程概况外，还可以对招标文件中的某些内容加以修改和补充说明，并对投标人书面提出的问题和会议上即席提出的问题给予解答。会议结束后，招标人应将会议纪要以书面形式发给每一个投标人。

无论是会议纪要还是对个别投标人的问题解答，都应以书面形式发给每一个购买了招标文件的投标人，以保证招标的公平和公正，但对问题的答复不需要说明问题的来源。会议纪要和答复函件形成招标文件的补充文件，都是招标文件的有效组成部分，与招标文件具有同等法律效力。

三、招标文件的答疑、澄清与修改

对于不召开标前会议，或标前会后投标人提出的问题，招标人均应以书面形式予以解答，并发送给每一位投标人。如果澄清文件发出的时间距投标截止日期不足 15 天，须相应延长投标截止日期。

如果招标人发现招标文件中的错误，或要对招标文件中的部分内容进行修改，应在投标截止时间 15 天前，以书面形式修改招标文件，并通知所有已购买招标文件的投标人，如果修改招标文件的时间距投标截止时间不足 15 天，可相应延长投标截止时间。

对投标人所提质疑及问题的书面解答和招标文件的修改均构成招标文件的组成部分，如果与发售的招标文件出现矛盾或歧义，以时间靠后的文件为准。

四、投标文件的编制递交

对投标人的要求主要包括：投标人的资格要求；对工程分包的要求或限制；投标文件的组成、澄清和修改；投标有效期；投标保证金；投标报价表的填写；投标文件的递交、修改与撤回；履约担保等方面。

1. 投标文件

投标文件的组成一般包括以下内容：

（1）投标函及投标函附录；

（2）法定代表人身份证明或附有法定代表人身份证明的授权委托书；

（3）联合体协议书；

（4）投标保证金；

（5）工程量清单及报价；

（6）施工组织设计；

（7）项目管理机构；

（8）拟分包项目情况表；

（9）资格审查资料；

（10）投标书附表等。

2. 投标有效期

投标有效期是对招标人和投标人均有约束力的时间期限，从投标截止日期（开标日期）开始起算，招标人应在有效期内完成评标、定标、签订合同的全部工作；投标人在有效期内不得要求撤销或修改其投标文件，否则将没收投标保证金，出现特殊情况需要延长投标有效期时，招标人应以书面形式通知所有投标人延长投标有效期。投标人如同意延长，则应相应延长其投标保证金的有效期，但不得要求或被允许修改或撤销其投标文件；投标人如拒绝延长，则失去竞争资格，但有权收回其投标保证金。

3. 投标保证金

（1）投标保证金的递交。投标人在递交投标文件的同时，应按投标人须知前附表规定的金额、担保形式递交投标保证金，联合体投标的，其投标保证金由牵头人递交。投标人不按要求提交投标保证金的，其投标文件视为废标。按照《招标投标法实施条例》的规定，投标保证金有效期与投标有效期一致，保证金金额不得超过招标项目估算价的 2%。投标保证金可以采用保函、支票、现金等形式。采用投标保函时，金融机构出具的担保应为无条件、不可撤销的担保。

招标人与中标人签订合同后 5 个工作日内，向未中标的投标人退还投标保证金，中标人以履约保函换回投标保函。

（2）没收投标保证金的情况。招标过程中出现下列情形之一时，招标人有权没收该投标人的投标保证金：

①投标人在投标有效期内撤销或修改其投标文件；

②中标人在收到中标通知书后，无正当理由拒签合同协议书或未按招标文件规定提交履约担保。

4. 投标人要求撤标或修改投标文件的内容

在投标截止日期前：投标人出于某种考虑要求撤标或修改投标文件中的部分内容，不构成投标人违约；投标人书面通知招标人撤回投标文件，招标人在收到书面通知后退还投标保证金。投标人书面要求对投标文件的部分内容进行修改，如更改报价等，修改文件作为投标文件的组成部分，开标时应予以宣读，以时间靠后的文件为准。

第四节　建设工程开标、评标阶段工作

开标评标阶段自提交投标文件截止时间起至与中标人签订合同时止，在这一阶段，其基本工作顺序是：组织开标、进行评标、确定中标人、签订合同等，该阶段主要工作的要求和要点分述如下。

一、开标

1. 开标条件

《招标投标法》及其实施条例规定，开标应当在招标人的主持下，在招标文件确定的提交投标文件截止时间的同一时间、招标文件中预先确定的地点公开进行。应邀请所有投标人参加开标。如投标人少于 3 个，不得开标；招标人应当重新招标。

2. 开标程序

（1）由投标人或者其推选的代表检查投标文件的密封情况，也可以由招标人委托的公证机构检查并公证。

（2）经确认无误后，由工作人员当众拆封，宣读投标人名称、投标价格和投标文件的其他主要内容（如投标保证金提交情况）。同时，记录开标过程，并存档备查。

二、评标

评标由招标人依法组建的评标委员会负责，并在对外保密的情况下进行。按照《招标投标法》的规定，评标办法可以采用经评审的最低投标价法或综合评估法。无论是采用经评审的最低投标价法还是综合评估法，均应包括初步评审和详细评审两个阶段，具体内容如下：

1. 初步评审

初步评审主要是包括检查投标文件的符合性、核对投标报价，淘汰对招标文件没有做出响应或存在重大偏差的投标书。主要包括如下方面：

（1）投标书的有效性。核查投标人是否与资格预审名单一致，签字盖章是否规范；开具投标保函的内容、金额和有效期是否符合招标文件的规定。

（2）投标书的完整性。投标书是否包括招标文件规定应递交的全部文件，要求的所有材料是否齐全。

（3）投标书对招标文件的响应性。投标书是否有明显的与招标文件要求不相一致或相违背的重要修改或附带条件。

（4）报价计算的正确性。报价是否有统计计算错误。若出现的错误在允许范围内，可由评标委员会予以改正，并由投标人签字确认。如投标人拒绝改正计算错误，则可没收投标保函并按废标处理。当错误值超过允许范围时，按废标对待。修改报价统计计算错误的一般惯例是：

①如果数字表示的金额与文字表示的金额有出入时，以文字表示的金额为准。

②如果单价和数量的乘积与总价不一致，要以单价为准。若属于明显的小数点错误，则以标书的总价为准。

③副本与正本不一致时，以正本为准。

一般来说，投标文件有下述情形之一的，属于重大投标偏差，被认为没有对招标文件作出实质性响应，作废标处理：

①没有按照招标文件要求提供投标担保或者所提供的投标担保有瑕疵；

②投标文件没有投标人授权代表签字和加盖公章；

③投标文件载明的招标项目完成期限超过招标文件规定的期限；

④明显不符合技术规格、技术标准的要求；

⑤投标文件载明的货物包装方式、检验标准和方法等不符合招标文件的要求；

⑥投标文件附有招标人不能接受的条件；

⑦不符合招标文件中规定的其他实质性要求；

⑧招标文件对重大偏差另有规定的，从其规定。

2. 详细评审

经过初步评审合格的标书进入详细评审阶段。该阶段按照招标文件规定的评标标准和方法对投标文件进行详细评审，比较各标书的优劣。按照招标文件确定的方法、评审要素、标准分别进行投标书的量化评分。详细评审的内容主要包括以下方面：

（1）价格分析。价格分析不仅要对各标书的报价数额进行比较，还要对主要工作内容及主要工程量的单价进行分析，并对价格组成各部分比例的合理性进行评价。

①报价构成分析。用标底价与标书中各单项合计价、各分项工作内容的单价以及总价进行比照分析，对差异比较大的地方找出其产生的原因，从而评定报价是否合理。

②分析投标人提出的财务或付款方面的建议和优惠条件，如延期付款、垫资承包等，并估计接受其建议的利弊，特别是接受财务方面建议后可能导致的风险。

招标人设有标底的，标底只能作为评标的参考，不得以投标报价是否接近标底作为中标条件，也不得以投标报价超过标底上下浮动的某一范围作为否决定投标的条件。招标人设有最高投标限价时，应当在招标文件中明确最高投标限价或者最高投标限价的计算方法，但不得规定最低投标限价。

（2）技术评审。主要对投标人的实施方案进行评定，包括以下内容。

①施工总体布置。着重评审布置的合理性，对分阶段实施的项目，还应审查各阶段之间的衔接方式是否合适，以及如何避免与其他承包商之间发生作业干扰。

②施工进度计划。首先要看进度计划是否满足招标要求，其次再评价其是否科学和严谨，以及是否切实可行，业主有阶段工期要求的工程项目，对里程碑工期的实现也要进行评价。

③施工方法和技术措施。主要评审各单项工程所采取的方法、程序与技术组织措施。

④材料和设备。规定由承包商提供或采购的材料和设备，判断是否在质量和性能方面满足设计要求和招标文件中的标准。

⑤技术建议和替代方案。对投标书中提出的技术建议和可供选择的替代方案，评标委员会应进行认真细致的研究，在分析建议或替代方案的可行性和技术经济价值后，考虑是否可以全部采纳或部分采纳。

（3）管理和技术能力的评价。评审施工方案的可行性，是否采用了先进的施工工艺和方法；质量、环境，安全管理体系的完整性、措施的有效性；工程进度计划的科学性；施工设备的数量、容量和适用性等。

（4）对拟派该项自主要管理人员和技术人员的评价。评审项目管理机构的合理性，是否拥有符合数量和能力要求的有资质、有丰富工作经验的管理人员和技术人员。

（5）商务法律评审。这部分是对招标文件的响应性检查，主要包括投标书与招标文件是否有重大实质性偏离，投标人是否愿意承担合同条件规定的全部义务；对合同文件某些条款修改建议的采用价值；审查商务优惠条件的实用价值。

3. 对投标文件的质疑

评标委员会可以书面通知要求投标人对投标文件中含义不明确的内容、明显文字或者计算错误作出必要的澄清或说明，投标人的澄清、说明应当采用书面形式，并不得超出投标文件的范围或者改变投标文件的实质性内容。评标委员会不得暗示或者诱导投标人进行澄清、说明，也不接受投标人主动提出的澄清、说明。投标人的书面澄清，作为投标书的组成文件。

4. 评标方法

根据《招标投标法》规定，中标人的投标应当符合下列条件之一：

①能够最大限度地满足招标文件中规定的各项综合评价标准；

②能够满足招标文件的实质性要求，并且经评审的投标价格最低；但是投标价格低于成本的除外。

对于上述条件①，可采用综合评估法，该方法是以得分值形式反映综合评价因素的一种评标办法，即根据不同项目的技术和管理要求，对综合评估的技术和商务等各项指标设定合理的分值权重。例如：业绩信誉占15分；施工管理能力占10分；施工组织设计占15分；投标报价占55分；其他评分因素占5分。评标委员会根据各项评分的综合得分对各投标人进行排名。该方法适用于技术较为复杂，管理和实施能力要求较高的项目。

对于上述条件②，可采用最低评标价法，该方法是以价格形式反映综合评价因素的一种评标办法，即在投标文件的技术和商务内容能够满足招标文件中规定的标准和要求的前提下，对投标报价和招标文件规定的应折算为价格的因素进行货币量化折算后，形成经评审的投标价格，再按由低到高依次排名，选出获得最低评标价的为中标候选人。该方法较适用于通用设备、技术成熟、技术简单或有同一技术性能，价格因素影响偏大的项目。

5. 评标报告

评标委员会完成评标后，应当向招标人提交评标报告，并推荐合格的中标候选人，推荐的中标候选人名单不超过3家，并标明排序。评标报告应当由评标委员会全体成员签字。评标报告应当如实记载以下内容：

（1）基本情况和数据表；

（2）评标委员会成员名单；

（3）开标记录；

（4）符合要求的投标一览表；

（5）废标情况说明；

（6）评标标准、评标方法或评标因素一览表；

（7）经评审的价格或评分比较一览表；

（8）经评审的投标人排序；

（9）推荐的中标候选人名单，以及签订合同前要处理的事宜；

（10）澄清、说明、补正事项纪要。

对评标结果有不同意见的评标委员会成员应当以书面形式说明其不同意见和理由，评标报告应当注明该不同意见。评标委员会成员拒绝在评标报告上签字又不书面说明其不同意见和理由的，视为同意评标结果。

三、确定中标人及签订合同

1. 确定中标人

评标委员会是招标人聘请委托的专家评审小组，根据委托按照规定的评审要素和方法对各投标书进行比较，招标人根据评标委员会提出的书面评标报告和推荐的中标候选人确定中标人，即中标人可以由招标人根据评标结果确定，也可以授权评标委员会直接确定。如果招标人授权评标委员会确定中标人，评标委员会可将排序第一的投标人定为中标人。国有资金占控股或者主导地位的依法必须进行招标的项目，招标人应当确定排名第一的中标候选人为中标人。排名第一的中标候选人放弃中标、因不可抗力不能履行合同、不按照招标文件要求提交履约保证金，或者被查实存在影响中标结果的违法行为等情形，不符合中标条件的，招标人可以按照评标委员会提出的中标候选人名单排序依次确定其他中标候选人为中标人，也可以重新招标。

依法必须进行招标的项目，招标人应当自收到评标报告之日起 3 日内公示中标候选人，公示期不得少于 3 日，招标人还应当自确定中标人之日起 15 日内，向有关行政监督部门提交招标投标情况的书面报告。

投标人或者其他利害关系人对依法必须进行招标的项目的评标结果有异议的，应当在中标候选人公示期间提出。招标人应当自收到异议之日起 3 日内作出答复；作出答复前，应当暂停招标投标活动。

2. 签订合同

招标人和中标人应当自中标通知书发出之日起 30 日内，按照招标文件和中标人的投标文件订立书面合同，合同的标的、价款、质量、履行期限等主要条款应当与招标文件和中标人的投标文件的内容一致。

中标人应当按照合同约定履行义务，完成中标项目。中标人不得向他人转让中标项目，也不得将中标项目肢解后分别向他人转让。中标人按照合同约定或者经招标人同意，可以将中标项目的部分非主体、非关键性工作分包给他人完成。接受分包的人应当具备相应的资格条件，并不得再次分包。中标人应当就分包项目向招标人负责，接受分包的人就分包项目承担连带责任。

招标文件要求中标人提交履约保证金的，中标人应当提交。招标人最迟应当在书面合同签订后 5 日内向中标人和未中标的投标人退还投标保证金。

第五节　建设工程投标策略

投标是投标人在遵循招标人的各项规定和要求的前提下，提出自己的投标文件，以期通过竞争能被招标人选中的交易过程，它是工程建设企业开拓市场、承揽业务、获得经济和社会效益的最重要途径。投标的工作重点包括投标决策，研究招标文件、优化投标方案、确定投标报价和策略等。

一、项目选择及投标决策

1. 投标决策需考虑的重点问题

在项目跟踪和投标选择时，宜遵循“少选些，选好些”的原则，不盲目投标，而应注重提高中标率。决策者应重点考察项目的如下问题，做到知己知彼：

（1）项目的实际进程究竟如何？是不是一个确实落地即将实施的项目？

（2）项目的地点在哪里？本公司是否在该地区具有优势？该地区的风险情况如何？

（3）项目资金来源情况？资金是否能到位？是否需要承包商带资承包或垫资？

（4）我们擅长吗？是否是本公司业务擅长的项目？

（5）有多少竞争者？是否会面临竞争者众多，恶性竞争或低价战问题？

（6）谁是竞争者？可能参与项目竞争者与本公司相比优劣势如何？

（7）业主的信誉如何？我们和业主的关系如何？本公司是否和业主有良好的合作经历？

（8）项目持续时间、进程、付款情况如何？根据项目进程本公司是否能保证资源的提供？

（9）项目回报及风险多大？是否有利润空间或风险？有多大的利润空间或风险？

2. 投标决策类型

根据不同项目投标特点，可以根据投标决策将项目分为如下几种投标类型：

（1）生存型：企业面临生存危机，急需通过项目获得现金流。

（2）补偿型：补偿企业已有项目的不足，以追求边际效益为目标，采取具有很强的竞争力的低报价。

（3）开发型：通过项目开拓市场，积累经验，树立形象，向后续项目发展，不着眼于一个项目的效益。

（4）竞争型：低赢利，精确计算成本，竞争性报价。

（5）赢利型：发挥优势，实现最佳赢利，对效益无吸引力的项目兴趣不大，不注重研究竞争对手对策。

二、研究分析和理解招标文件

当资格符合要求，决定参加项目投标后，首先需要购买招标文件，使投标人站在“同一起跑线”上，招标文件是投标人报价的基础，获得招标文件之后的首要工作就是要加紧全面仔细地研究分析招标文件、设计图纸，明确界定项目工作范围，充分理解招标书内容和要求，尤其是对标价计算可能产生重大影响的问题。投标人应重点注意招标文件以下三个方面的内容：

1. 投标人须知

“投标人须知”是告知投标人投标工作和基本要求的文件，包括工程概况、招标内容、招标文件的组成、投标文件报价的要求、投标时间安排等重要信息。

投标人需要注意招标工程范围和报价要求，避免错误理解或漏项、重复；注意投标文件的组成，避免因提供的资料不全而被废标；还要注意投标截止时间，避免发生迟到等低级错误失去投标机会。

2. 投标书附录与合同条件

这是招标文件的重要组成部分，合同条件事先约定了合同双方的权利、义务和责任，并包括合同款计价方式、支付方式、保险、税收、工期、索赔、违约处理、拖期罚款、提前竣工奖励、争议解决等。投标人在报价时需要全面考虑这些因素。

3. 技术文件

要熟悉图纸和设计说明，研究招标文件中的技术规范、材料、设备和技术要求，有无特殊施工技术要求和特殊材料设备要求，以便根据相应的定额和市场确定价格，准确计算报价。同时，发现招标文件中含糊不清的问题，应及时提请业主澄清。

三、投标前的调查与现场考察

在准备投标文件的前期，投标人需要开展对招标工程的自然、经济和社会条件的调查研究和现场考察，尽可能详细地掌握工程当地的情况，并在编标和报价中充分考虑，主要内容如下：

1. 业主方和竞争者调查

可通过现场踏勘、标前会、答疑等直接或间接了解业主及竞争者情况，包括业主经济状况、资信、项目资金落实情况，有多少竞争者、谁是竞争者，以及项目咨询工程师、设计单位等方面的可靠信息。

2. 社会经济环境调查

调查工程所在地的社会和经济状况，包括与投标工程实施有关的法律法规、劳动力与材料供应状况及价格水平、当地生活费用水平、运输市场及价格水平、设备购置租赁条件及价格水平、专业施工公司经营状况与价格水平。对国际工程还需慎重考虑当地治安情况、当地部门办事效率和所需各种费用、当地风俗习惯、当地生活条件及便利程度、通货膨胀率、汇率、换汇限制等。

3. 工程现场考察和工程所在地区的环境考察

考察施工现场，调查工程所在地区的自然环境和施工条件，如地形地貌、水文地质、气候、气温、降水、适合的施工期、交通、电水气供应及价格、通信、住宿条件、料场开采条件、物料加工条件、设备维修条件等。

四、确定或复核工程量

对于招标文件不提供工程量清单的招标工程，投标人应当根据招标文件规定工作范围确定工程量清单计算工程量，在校核中如发现与招标文件相差较大，投标人应致函业主澄清。对于招标文件中提供了工程量清单的招标工程，投标人一定要进行复核，因为这直接影响到投标报价及中标的机会。如果招标工程是一个大型项目，工作量大、投标时间短时，投标人也应对工程量大、造价高的项目进行校核。

对于单价合同，尽管是以实测工程量结算工程款，但投标人仍应根据图纸仔细核算工程款，计算工程量与清单中出入大的或经分析可能在施工过程中发生较大变更的，可向招标人及时澄清或有限度地采取不平衡报价。最终，应严格按招标文件清单工程量和补遗书、修正书为准报价。对于固定总价合同，承包商对工程量漏项的风险责任更大，更要做好工程量的估算，不重复、不遗漏，做到无缝对接。

五、选择施工方案

施工方案是报价的基础和前提，也是招标人评标时重点考察的内容。不同的方案有不同人工、机械与材料消耗，对应着不同的费用。在明确工程量范围、技术标准和规范等功能要求的基础上，应对症下药、量体裁衣，根据工程的具体环境、特点，因地制宜，制订合理优化的施工方案。

（1）应根据工程项目具体情况、自身条件、施工能力和技术经验，从施工安全环保、保证工程质量、利于实现进度计划、节约设备费用、降低人工成本等多方面对各种不同的施工方法进行综合比选，确定最适用、经济的施工方法。但不宜选用偏离市场一般做法的尚无把握的独特施工方法。

（2）在确定施工方法的同时，要选择施工设备和施工设施，并计算所需数量和使用周期，研究确定是使用企业现有设备、还是采购新设备或租赁当地设备。

（3）要研究确定工程用工计划，根据工作内容和进度计划估算人工数量，策划用工来源及进退场时间，以及所需生活、工作设施的数量。国际工程尤其要注意当地是否有限制外籍劳务的规定。

（4）估算主要建筑材料的需用量、来源和分批进场的时间安排，从而安排策划好现场用于存储、加工的库房、堆放场、加工间、工棚等临时设施。

（5）根据现场设备、工地所需人员人数变化和生产生活需要，估算现场水电气用量，确定临时水电气供应设施；考虑外部和内部材料供应的运输方式，估计运输和交通车辆的需要和来源，并确定方案。

（6）制定特殊条件下保证正常施工的措施，如冬季、雨季、风季施工措施、排水设施、现场安全防护及监控设施（如围墙、围栏、警卫、摄像头、夜间照明等）、网络通信设施以及其他必需的临时设施安排。

六、投标报价计算

投标报价计算是投标人对招标工程所要发生的各种费用及利润的计算。

投标人应掌握企业当前经营状况的各种资料，基于以往投标报价数据资料建立投标报价数据库，根据可靠的数据，确定取费标准并合理计算各项费用。

投标人还要主动与工程所需主要设备、材料、专业分包的供应厂家、企业建立协作关系，多方询价协商，掌握市场价格，在择优比选的基础上，确定合作伙伴及相应的报价。

报价时既要考虑询价时设备、材料、租赁等的市场价格，还要预测项目实施期的价格走势，以及工期紧的项目对成本的影响，工程周围的自然和社会环境条件、当地有否廉价的劳务和充足的工程资源等，合理确定投标报价以确保具有一定的利润空间。

工程项目各阶段计价，如图 5-2 所示。

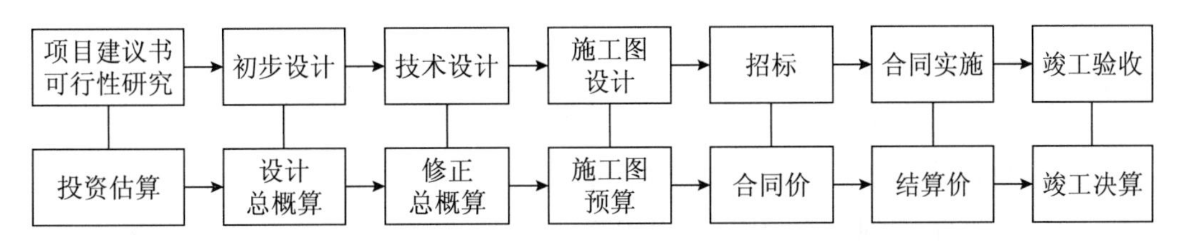

图 5-2　工程项目各阶段计价示意图

七、确定投标策略

（一）SWOT 分析

投标人在投标之前首先应就投标项目根据自身内部优势（Strengths）、劣势（Weaknesses）和外部机会（Opportunities）与威胁（Threats）进行 SWOT 分析，以帮助制定投标的基本策略定位。投标策略可根据不同情形，分为扩张策略、联合策略、收缩策略和微利策略（见图 5-3）。

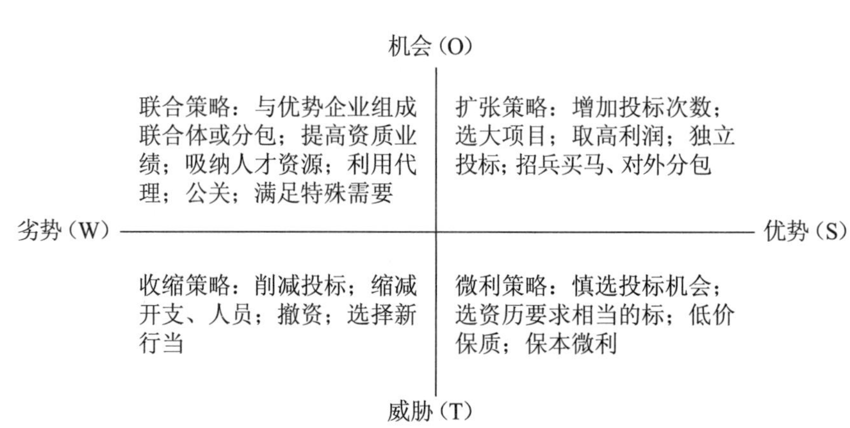

图 5-3 投标的 SWOT 策略

（二）高低报价策略分析

正确的投标报价策略对提高中标率并获得预期利润有重要作用。在制定报价时，可以考虑如下偏低报价和偏高报价策略。

1. 可考虑采取偏低报价的情况

①施工条件好，工作简单、工程量大、业内企业基本都能做的；

②本公司目前急于打入某一市场、某一地区；

③虽已在某地区经营多年，但即将面临没有工程的情况，机械设备等无工地转移时；

④附近有工程而本项目可以利用该项工程的设备、劳务或有条件短期内突击完成的；

⑤投标对手多，竞争激烈时；

⑥有后续工程、分期建设的工程；

⑦支付条件好的工程等。

2. 可考虑采取偏高报价的情况

①施工条件差（如征地拆迁不顺、场地狭窄、地处闹市）的工程；

②专业要求高的技术密集型工程，本公司有专长、商誉高；

③总价低的小工程，投标人兴趣不大但被邀请投标的项目；

④地质条件复杂，把握不准，可能遇到特殊情况的工程，如水下、地下开挖工程；

⑤业主对工期要求急、明显压缩工期的项目；

⑥投标竞争对手少的工程；

⑦支付条件不理想、要求垫付资金、无预付款的工程等。

（三）不平衡报价法

不平衡报价法是指在投标报价时，通过调整报价单不同科目内容的报价水平，以期在不提高总价、不影响中标的前提下，争取在实际结算时得到更多收益的报价方法。习惯采用的不平衡报价法如下：

（1）考虑货币的时间价值和支付风险，款项支付时间早的工程内容可以偏高报价，如在项目前期发生的土方开挖、基础工程等；项目后期实施的工程可以偏低报价，如装饰装修、试运行等。对于按比例直接摊入各项单价的管理费等费用也可采用不同比例摊入，多摊一些到早期施工项目的单价中。

（2）在采用工程量清单模式，将来需根据实际完成的工程量进行结算的情况下，考虑工程量变化对结算金额的影响，预计实际工程量会比报价清单中工程量增加的项目，单价可适当高报，反之，预计实际工程量会减少的，单价可适当低报，以在结算时获得更多资金收益。

（3）对于不计入标价的或仅有项目而没有工程数量的，可以适当偏高报价，如计日工、推荐的备品、备件等的报价。

（4）对于要在开工后才由业主研究决定是否实施的暂定项目，对确定要实施的项目单价可考虑适当高报，不一定实施的项目单价可适当低报。

采用不平衡报价法要建立在对工程准确预见的基础上，调价应控制在合理幅度内，以免引起业主反对甚至废标。特别是对于低报单价的项目，还要考虑实际工程量增多或业主采取反制措施有意增加该项工程量可能造成的费用损失。

（四）其他投标策略

（1）针对项目的特点满足业主的需求是投标的根本策略，应了解业主目标要求，对其所好，投其所需。如有的项目工期要求紧，则需要在工期优化上下功夫，以快取胜；有的项目投资额偏低，则需要在降低成本上下功夫，以低价取胜；有的项目要打造成精品工程，则需要在质量提升上下功夫，以质取胜。

如果招标文件中规定，可提供建议方案时，则可提出更合理的并有成功实践经验的方案以吸引业主，促成靠有竞争力的优化方案中标。

（2）突然降价法。投标人可以根据最后的信息和决断，在递交投标文件截止前的最后时刻，通过递交一封降价信，对投标文件中的报价降低一定比例，使报价更具竞争力。

采用这种方法时，一定要在准备投标报价的过程中考虑好降价的幅度，在临近投标截止日期前，根据情报信息、竞争者参与投标情况等的分析和判断，进行最终标价降价幅度的决策。

此外，在投标及项目实施过程中，还要有投标报价不一定等于合同价格、合同价格不一定等于实际结算价格的思想，对静态报价要有前瞻视野，实施动态管理。

无论采取什么样的投标策略，最重要的是要以信取胜，做到“诚信、创新永恒，精品、人品同在”“接一项工程，交一方朋友，拓一方市场，增一分信誉”。

附：【某国际工程项目投标降价函样例】

From：Name and Address of Tenderer

To：Name and Address of Owner

Re： PRICE REDUCTION FOR THE TENDER OF PROJECT NAME / PROJECT NO.

Dear Sir：

Considering the intention of cooperation with Owner name，we would like hereby to declare to reduce our tender price for project name / project No. by___% (_____Percent).

All the other terms and conditions in our tender documents remain unchanged.

Sincerely yours,

The authorized representative of company name of tenderer

Name and Signature of representative

【思考与练习】

1. 分析对比公开招标和邀请招标的优缺点。
2. 投标资格要求应考虑哪些问题？如何合理设置资格门槛和审查内容？
3. 投标有效期应如何确定？延长有效期有何要求？
4. 在评标工作中如何应用综合评估法和最低评标价法？
5. 如何科学开展投标决策和投标报价并提高中标率？

【在线测试题】

扫码书背面的二维码，获取答题权限。

第六章

工程设计与物资采购招投标

学习目标

本章要求了解工程设计招标特点,掌握设计招标文件的编制,熟悉设计投标、评标工作及重点。熟悉材料和设备采购策划及招标、投标工作内容，熟悉投标报价、交货期、支付条件、备品备件条款，掌握评标方法及适用条件。梳理《建设工程项目管理规范》中采购与投标管理的规定。

第一节 工程设计招投标

一、概述

建设工程设计是指根据建设工程的要求和地质勘察报告，对建设工程所需的技术、经济、资源、环境等条件进行综合分析、论证，编制建设工程设计文件的活动。优良的设计工作质量是工程项目建设成功的关键。在建筑市场上，多以招标方式开展设计竞争，择优确定设计任务承担单位，以利于实现拟建工程项目采用最佳设计方案、先进适用的技术和工艺、优化功能布局、提高投资效益。

根据设计条件和设计深度，建筑工程设计一般分为两个阶段：初步设计阶段和施工图设计阶段。与工程设计的两个阶段相对应，工程设计招标一般分为初步设计招标和施工图设计招标。对技术复杂的项目，还可根据需要增加技术设计阶段。招标人应依据工程项目的具体特点和需要决定发包的工作范围，可以采用设计全过程总发包的一次性招标，也可以选择分单项或分专业的设计任务发包招标，还可实行勘察设计一次性总体招标。

二、工程设计招标的特点

设计招标不同于工程项目实施阶段的施工招标和材料设备供应招标，其特点是投标人提供的是智力成果，即建设项目设计方案。因此，设计招标文件主要介绍工程项目的实施条件、预期达到的技术经济指标、投资限额、进度要求等。投标人根据招标文件的要求提出工程项目的构思方案、实施计划和报价。招标人通过开标、评标对各方案进行比较选择后确定中标人。根据设计任务本身的特点，设计招标通常采用设计方案竞选的方式招标。设计招标与施工类招标相比，主要有如下特点：

（1）在招标文件内容方面，设计招标文件中主要提出工程项目设计依据、技术指标要求、项目工作范围、项目所在地基础资料、要求完成时间等内容。

（2）在投标书编制方面，设计投标首先提出设计构思和初步方案，并论述该方案的优点和实施计划，并在此基础上进一步提出报价。

（3）在开标形式方面，设计招标在开标时由各投标人自己说明投标方案的基本构思和意图，以及其他实质性内容，而不是简单地按报价高低排定次序。

（4）在评标原则方面，设计招标在评标时更加注重所提供方案的技术先进性、达到的技术指标、方案的合理性、对造价水平的影响等方面的因素，而不是过分追求低投标价。

三、工程设计招标工作

工程设计招标阶段的主要环节包括投标单位资格预审、编制发放招标文件等，其中应重点关注以下几个问题。

（一）对投标人的资格审查

1. 资质审查

我国对从事建设工程设计活动的单位，实行资质管理制度，在工程设计招标过程中，招标人应审查投标人所持有的资质证书是否与招标文件的要求相一致，是否具备承担设计工作的相应资格。

根据《建设工程勘察设计资质管理规定》，工程设计资质分为工程设计综合资质、工程设计行业资质、工程设计专业资质和工程设计专项资质四类。其中，工程设计综合资质只设甲级；工程设计行业资质、工程设计专业资质、工程设计专项资质设甲级、乙级。根据工程性质和技术特点，个别行业、专业、专项资质可以设丙级，建筑工程专业资质可以设丁级。

取得工程设计综合资质的企业，可以承接各行业、各等级的建设工程设计业务；取得工程设计行业资质的企业，可以承接相应行业相应等级的工程设计业务及本行业范围内同级别的相应专业、专项（设计施工一体化资质除外）工程设计业务；取得工程设计专业资质的企业，可以承接本专业相应等级的专业工程设计业务及同级别的相应专项工程设计业务（设计施工一体化资质除外）；取得工程设计专项资质的企业，可以承接本专项相应等级的专项工程设计业务。

建设工程设计单位应当在其资质等级许可的范围内承揽建设工程设计任务。禁止建设工程设计单位超越其资质等级许可的范围或者以其他建设工程设计单位的名义承揽建设工程设计业务。

2. 能力和经验审查

判定投标人是否具备承担设计任务的能力，通常要进一步审查设计单位的技术力量，主要考察设计负责人的资格和能力，各类设计人员的专业覆盖面、人员数量和各级职称人员的比例等是否满足完成工程设计的需要。同类工程的设计经验也是非常重要的考察内容，招标文件通常会要求投标人报送最近几年完成的工程项目业绩表，通过考察以往完成的设计项目评定其设计能力与水平。

（二）设计招标文件的编制

设计招标文件是招标人向潜在投标人发出的要约邀请文件，是告知投标人招标项目内容范围、数量与招标要求、投标资格要求、招标程序规则、投标文件编制与递交要求、评标标准与方法、合同条款与技术标准等招标投标活动主体必须掌握的信息和遵守的依据。设计招标文件是投标人编制投标文件的依据，招标人应当根据招标项目的特点和需要编制招标文件。

设计招标文件应当包括下列内容：

（1）投标须知，包含所有对投标要求有关的事项；

（2）投标文件格式及主要合同条款；

（3）项目说明书，包括资金来源情况；

（4）设计范围，对设计进度、阶段和深度要求；

（5）设计依据的基础资料；

（6）设计费用支付方式，对未中标人是否给予补偿及补偿标准；

（7）投标报价要求；

（8）对投标人资格审查的标准；

（9）评标标准和方法；

（10）投标有效期；

（11）招标可能涉及的其他有关内容。

设计招标文件应重点提出如下方面的要求：

（1）设计文件编制依据要求；

（2）国家有关行政主管部门对规划方面的要求；

（3）技术经济指标要求；

（4）平面布局要求；

（5）结构形式方面的要求；

（6）结构设计方面的要求；

（7）设备设计方面的要求；

（8）特殊工程方面的要求；

（9）环保、消防、人防等其他有关方面的要求。

编制设计要求文件应兼顾三个方面：表述严谨，文字图表表达清晰，避免歧义或误解；任务和功能要求完整，做到工作内容全面不遗漏；提供灵活性和创造性自由度，为投标人发挥设计的创造性留有充分的空间。

四、工程设计投标、评标工作

1. 工程设计投标

设计投标管理阶段的主要工作环节包括：组织现场踏勘，答疑，投标人编制投标文件，开标评标，中标，订立设计合同等。与施工招标相比，进行设计投标重点是做好如下工作：

（1）组建高水平的设计团队并提出最佳设计方案；

（2）通过实施能产生良好的投入产出经济效益；

（3）提出满足要求的设计进度计划；

（4）有良好的设计业绩和社会信誉；

（5）提出有竞争力的报价。

2. 工程设计评标

工程设计投标的评比也可分为技术标和商务标两部分，评标委员会严格按照招标文件确定的评标标准和评标办法进行评审。评标委员会应当在符合城市规划、消防、节能、环保的前提下，按照投标文件的要求，对投标设计方案的经济、技术、功能和造型等进行比选、评价，确定符合招标文件要求的最优设计方案。通常，如果招标人不接受投标人的技术标方案，投标人即被淘汰，不再进行商务标的评审。

鉴于工程项目设计招标的特点，工程建设项目设计招标评标方法通常采用综合评估法。一般由评标委员会先进行初审，对符合基本条件通过初审的投标文件，按照招标文件中详细规定的投标技术文件、商务文件和经济文件的评价内容、因素和具体评分方法进行综合评估。

第二节　材料和设备采购招投标

一、概述

建设工程项目所需材料设备的采购按标的物的特点可以分为买卖合同和加工承揽合同两大类。

采购大宗建筑材料或通用型批量生产的中小型设备属于买卖合同。由于标的物的规格、性能、主要技术参数均为通用指标，因此招标一般侧重对投标人的商业信誉、报价和交货期限等方面的比较，更多考虑价格因素。

订购非批量生产的大型复杂机组设备、特殊用途的大型非标准部件则属于加工承揽合同，中标人承担的工作往往涵盖从生产、交货、安装到调试、保修的全过程，招标评选时要对投标人的商业信誉、加工制造能力、报价、交货期限和方式、安装（或安装指导）、调试、保修及操作人员培训等各方面条件进行全面比较，更多考虑性价比。

二、材料和设备采购策划及招标

项目建设需要大量建筑材料和设备，应考虑工程实际需要的时间、市场供应情况、市场价格变动趋势、建设资金到位和周转计划合理安排分阶段、分批次采购招标工作，同类材料、设备可以一次招标分期交货，不同设备材料可以分阶段采购。应保证材料设备到货时间满足工程进度的需要，考虑交货批次和时间、运输、仓储能力等因素，使到货既不延误也不过早，节省占用建设资金、降低仓储保管费用。

每次招标时，可依据设备材料的性质只发 1 个合同包或分成几个合同包同时招标。投标的基本单位是合同包，投标人可以投 1 个或其中的几个合同包。

采购包的划分要考虑工程需要，保证供货时间和质量，并有利于吸引较多的投标人参加竞争，既避免合同包划分过大，中小供应厂商无法满足供应；又避免划分过小，缺乏对大型供应厂商的吸引力。

材料和设备招标可以采用公开招标或邀请招标的方式。招标程序与施工招标基本相同，只是评审要素、量化比较的方法有所区别，可参照施工招标程序。

三、材料和设备采购对投标人的资格要求

在建设工程项目货物采购招标中，只有通过资格审查的投标人才能是合格的投标人，资格审查可采用资格预审或资格后审的方式，通过资格审查保证合格的投标人均具备履行合同的能力。

在通常情况下，对投标人的资格要求主要包括如下方面：

（1）具有独立订立合同的能力。

（2）在专业技术、设备设施、人员组织、业绩经验等方面具有设计、制造、质量控制、经营管理的相应资格和能力。

（3）具有完善的质量保证体系。

（4）业绩良好。要求具有设计、制造与招标设备（或材料）相同或相近设备（或材料）的供货业绩及运行经验，在安装调试运行中未发现重大设备质量问题或已有有效改进措施。

（5）有良好的银行信用和商业信誉等。

对工程成套设备的供应，投标人可以是生产厂家，也可以是工程公司或贸易公司，为

了保证设备供应并按期交货，如工程公司或贸易公司为投标人，则还必须提供设备制造商同意其在本次投标中提供该货物的正式授权书。

四、材料和设备采购投标

（一）投标报价

对建设工程项目材料设备的投标报价，应根据招标文件的规定，一般有如下几类不同的报价方式。

1. 国内供货商报价

招标通常在招标文件中规定由国内供货方负责将货物运至施工现场，投标人报施工现场交货价，包括设备的出厂价（EXW 价）及运至工地的内陆运输费和保险费。

2. 国外供货商的报价

招标文件通常要求国外投标人供货方报价为 CIF（cost，insurance and freight），即成本、保险费和海运费。

（二）交货期

投标人应依据招标文件要求，在投标文件中提供年生产能力、最近几年已承接的设备制造数量和安排生产计划，并应按交货时间要求如期实现。招标文件虽然规定了设备分期和全部交货的时间，但考虑投标人的生产周期，一般允许交货时间与招标文件要求的时间略有偏差，但需在可以接受的时间范围内；如果交货时间因过于延迟而不能接受，则视为非响应投标。

有些招标文件中还规定，在可接受的交货时间范围内，以招标文件的货物需求一览表规定的时间为基准，每超过基准时间一周，其评标价将在投标价的基础上增加报价的某一百分比（如交付货价的 0.5%）加到评标价基础上，形成评审价格。但提前交货一般不考虑降低评标价，因为提前交货并不能使工程获得收益，还可能带来仓储和设备保养费用的增加。

（三）支付条件

投标人应按照招标文件内合同条款中所列的付款条件报价，评标时以此报价为基础，如果投标书对此有偏离但又属招标人可以接受的，评标时将根据偏离程度给发包人增加或减少的费用（资金利息等）按招标文件中规定的贴现率换算成评标时的净现值，在评标价中计入增加或减少相应的金额。假设合同条款中规定预付款为合同总价的 15%，如果投标人提出预付款只需按合同总价的 10% 即可，则可按招标文件规定的年利率计算出合同总价 5% 迟延付款后的利息，在评标价中减去这笔金额。

（四）备品、备件和零部件

备品、备件和零部件主要考虑设备运行两三年内各类易损备件的获取途径和价格，并分为如下不同情况：

1. 计入投标报价

按照招标文件的报价说明，此项费用已包含在报价内，评标价不再进行调整。

2. 单独报价

招标文件要求此项费用单独报价，报价方式如：

（1）按投标人在“投标资料表”中规定周期内必需的备品备件的名称、数量、技术规格清单报单价并计算总价，计入评标价中。

（2）招标人开列经常使用的备品备件和零部件，依据投标人在“投标资料表”中所规定的运行周期需要的数量报单价并计算总价，计入评标价中。

（3）未在招标文件中明确要求的可由投标人自行推荐的备品、备件，由投标人提供推荐的备品备件名称、数量、技术规格清单并报价。

（五）售后服务报价

投标人根据“投标资料表”或招标文件的规定，提供所要求维修服务设施和零部件库房所需费用的报价，及对用户运行、管理、维修人员的培训费用的报价。

（六）使用期内的运营费和维护费

投标设备多是由投标人设计和制造，在满足招标文件要求的前提下，具体的技术指标会有一定差异，致使运营和维护费用不尽相同。可以采用以下两种方法之一计算评标价的调整值：

（1）依据投标人按照技术规格中的规定，对所提供的货物保证达到的性能和效率给予评价。依据招标文件中的要求，低于标准性能或效率的，每低一个百分点，投标价将增加“投标资料表”中规定的调整金额，计算设备在使用年限中的运行成本所额外增加的费用。

（2）若所提供的货物与规定的要求有偏离，将以该货物实际生产率的单位成本为基础，采用“投标资料表”或技术规格中规定的方法，调整其评标价格。

（七）设备的性能和生产率

投标人应响应招标文件中技术规格的要求，说明所提供的货物保证达到的性能和效率。所提供的货物必须达到招标文件技术规格所规定的最低生产率才能被认为是具有响应性的。如果所提供设备的性能、生产能力等某些技术指标的保证值没有达到技术规范要求的基准参数则会增加运行成本，则应以投标设备实际生产效率单位成本为基础，计算设备在使用年限中的运行成本所额外增加的费用，在评标价上增加相应的金额。

五、材料和设备采购招标的评标

材料和设备采购评标，一般采用评标价法或综合评估法。对于技术简单或技术规格、性能、制作工艺要求统一的设备材料，一般采用经评审的最低投标价法进行评标。对于技术复杂或技术规格、性能、技术要求难以统一的，一般采用综合评估法进行评标。

（一）评标价法

以货币价格作为评价指标的评标价法，依据标的性质不同可分为以下几类：

1. 最低评标价法

该方法是以投标价为基础，将评审各要素按预定方法换算成相应价格值，增加或减少到报价上形成评标价。投标价之外还需考虑的因素通常包括运输费用、交货期、付款条件、零配件、售后服务、设备性能、生产能力等。在采购机组、车辆等大型设备时，多采用这种方法。

针对每位合格的投标人，将上述的评标价调整值加到报价上，形成该投标人的评标价。按照评标价由低到高排列顺序，最低评标价的投标书最优。

2. 以设备寿命周期成本为基础的评标价法

采购生产线、成套设备、车辆等运行期内各种费用较高的货物，评标时可预先确定一个统一的设备评审寿命期（短于实际寿命期），然后再根据投标书的实际情况在报价上加上该年限运行期间所发生的各项费用，再减去寿命期末设备的残值。计算各项费用和残值时，均应按招标文件规定的贴现率折算成净现值。

该方法是在综合评标价的基础上，进一步加上一定运行年限内的费用作为评审价格。这些以贴现值计算的费用包括估算寿命期内所需的燃料消耗费、估算寿命期内所需备件及维修费用、估算寿命期残值。

由此可见，中标人不一定是报价最低者，体现了考虑交货、安装指导、运行、维护等设备全寿命期招标人花费的费用最小原则。

（二）综合评估法

该方法即按预先确定的评分标准，分别对各投标书的报价和各种服务进行评审打分。

1. 评审打分项

评审打分的内容主要包括：投标价格；运输费、保险费和其他费用的合理性；投标书中所报的交货期限；偏离招标文件规定的付款条件影响；备件价格和售后服务；设备的性能、质量、生产能力；技术服务和培训；其他有关内容。

2. 评审要素的分值分配

评审要素确定后，应根据采购标的物的性质、特点，以及各要素对总投资的影响程度划分权重和积分标准。

与评标价法相比，综合评估法的优点是：简便易行，评标考虑要素较为全面，可以将难以用金额表示的某些要素量化后加以比较，从中选出最好的标书。其缺点是：评标委员会成员独立给分，对评标人的水平和知识面要求高，主观随意性程度大；投标人提供的设备型号各异，难以合理确定不同技术性能的有关分值和每一性能应得的分数。因此，评分要素和各要素的分值分配应在招标文件中加以说明。

学习材料：《建设工程项目管理规范》关于采购与投标管理的规定

住房和城乡建设部、国家质量监督检验检疫总局联合发布国家标准《建设工程项目管理规范（GB/T50326-2017）》中关于“采购与投标管理”的规定如下：

1. 一 般 规 定

1.1 组织应建立采购管理制度，确定采购管理流程和实施方式，规定管理与控制的程序和方法。

1.2 采购工作应符合有关合同、设计文件所规定的技术、质量和服务标准，符合进度、安全、环境和成本管理要求。招标采购应确保实施过程符合法法律、法规和经营的要求。

1.3 组织应建立投标管理制度，确定项目投标实施方式，规定管理与控制的流程和方法。

1.4 投标工作应满足招标文件规定的要求。

1.5 项目采购和投标资料应真实、有效、完整，具有可追溯性。

2. 采 购 管 理

2.1 组织应根据项目立项报告、工程合同、设计文件、项目管理实施规划和采购管理制度编制采购计划。采购计划应包括下列内容：

（1）采购工作范围、内容及管理标准；

（2）采购信息，包括产品或服务的数量、技术标准和质量规范；

（3）检验方式和标准；

（4）供方资质审查要求；

（5）采购控制目标及措施。

2.2 采购计划应经过相关部门审核，并经授权人批准后实施。必要时，采购计划应按照规定进行变更。

2.3 采购过程应按照法律法规和规定程序，依据工程合同需求采用招标、询价或其他方式实施。符合公开招标规定的采购过程应按相关要求进行控制。

2.4　组织应确保采购控制目标的实现，对供方下列条件进行有关技术和商务评审：

（1）经营许可、企业资质；

（2）相关业绩与社会信誉；

（3）人员素质和技术管理能力；

（4）质量要求与价格水平。

2.5　组织应制定供方选择、评审和重新评审的准则。评审记录应予以保存。

2.6　组织应对特殊产品和服务的供方进行实地考察并采取措施进行重点监控，实地考察应包括下列内容：

（1）生产或服务能力；

（2）现场控制结果；

（3）相关风险评估。

2.7　承压产品、有毒有害产品和重要设备采购前，组织应要求供方提供下列证明文件：

（1）有效的安全资质；

（2）生产许可证；

（3）其他相关要求的证明文件。

2.8　组织应按照工程合同的约定和需要，订立采购合同或规定相关要求。采购合同或相关要求应明确双方责任、权限、范围和风险，并经组织授权人员审核批准，确保采购合同或要求内容的合法性。

2.9　组织应依据采购合同或相关要求对供方的下列生产和服务条件进行确认：

（1）项目管理机构和相关人员的数量、资格；

（2）主要材料、设备、构配件、生产机具与设施。

2.10　供方项目实施前，组织应对供方进行相关要求的沟通或交底，确认或审批供方编制的生产或服务方案。组织应对供方的下列生产或服务过程进行监督管理：

（1）实施合同的履约和服务水平；

（2）重要技术措施、质量控制、人员变动、材料验收、安全条件、污染防治。

2.11　采购产品的验收与控制应符合下列条件：

（1）项目采用的设备、材料应经检验合格，满足设计及相关标准的要求。

（2）检验产品使用的计量器具、产品的取样、抽验应符合规范要求。

（3）进口产品应确保验收结果符合合同规定的质量标准，并按规定办理报关和商检手续。

（4）采购产品在检验、运输、移交和保管过程中，应避免对职业健康安全和环境产生负面影响。

（5）采购过程应按照规定对产品和服务进行检验或验收，对不合格品或不符合项依据合同和法规要求进行处置。

3. 投标管理

3.1 在招标信息收集阶段，组织应分析、评审相关项目风险，确认组织满足投标工程项目需求的能力。

3.2 项目投标前，组织应确定投标目标，并进行编制投标计划。

3.3 组织应识别和评审下列与投标项目有关的要求：

（1）招标文件和发包方明示的要求；

（2）发包方未明示但应满足的要求；

（3）法律法规和标准规范要求；

（4）组织的相关要求。

3.4 组织应根据投标项目需求进行分析，确定下列投标计划内容：

（1）投标目标、范围、要求与准备工作安排；

（2）投标工作各过程及进度安排；

（3）投标所需要的文件和资料；

（4）与代理方以及合作方的协作；

（5）投标风险分析及信息沟通；

（6）投标策略与应急措施；

（7）投标监控要求。

3.5 组织应依据规定程序形成投标计划，经过授权人批准后实施。

3.6 组织应根据招标和竞争需求编制包括下列内容的投标文件：

（1）响应招标要求的各项商务规定；

（2）有竞争力的技术措施和管理方案；

（3）有竞争力的报价。

3.7 组织应保证投标文件符合发包方及相关要求，经过评审后投标，并保存投标文件评审的相关记录。评审应包括下列内容：

（1）商务标满足招标要求的程度；

（2）技术标和实施方案的竞争力；

（3）投标报价的经济合理性；

（4）投标风险的分析与应对。

3.8 组织应依法与发包方或其代表有效沟通，分析投标过程的变更信息，形成必要记录。

3.9 组织应识别和评价投标过程风险，采取相关措施以确保实现投标目标要求。

3.10 中标后，组织应根据相关规定办理有关手续。

【思考与练习】

1. 设计招标、材料设备招标与施工招标相比有哪些不同特点？

2. 为提高建设工程设计招标和投标工作质量应着重做好哪些工作？

3. 熟悉材料设备采购投标报价的组成内容。

4. 谈谈材料和设备采购招标的主要评标方式和方法。

5. 根据国家标准《建设工程项目管理规范》，分阶段梳理采购与投标管理的工作要求和工作内容。

6. 业界将招投标活动出现的典型违规现象总结为如下“招投标十八怪”，请根据前几章所学内容及《招标投标法》《招标投标法实施条例》进行诊断和分析。

招投标十八怪

彩色小球摇起来，奖项加分区别开；
标书售价不实在，出圈企业又进来；
明招暗定最精彩，串通一气搞排外；
项目标段分两块，评标办法随意改；
时间苦短最无奈，巨额保金押进来；
公开招标走黑箱，中标依据没法猜；
完整项目分几块，标底能够透出来；
中介人物怪中怪，多家同时要原件；
评分意向业主来，阴阳合同同时在。

【在线测试题】

扫码书背面的二维码，获取答题权限。

第七章

建设工程合同概述及勘察设计监理合同

学习目标

本章要求了解建设工程合同的类别，掌握建设工程合同应遵守的原则，了解合同示范文本制度。熟悉建设工程勘察合同示范文本内容组成，熟悉建设工程勘察、设计合同委托工作和应约定的内容，熟悉勘察、设计合同中关于双方的权利和义务，了解违约责任、合同价款与支付、索赔等条款。熟悉建设工程委托监理合同示范文本内容组成，项目监理机构组成，掌握合同双方的权利和义务，了解合同的支付、变更等条款。

第一节　建设工程合同管理及其类别

一、概述

在社会主义市场经济中，社会各类经济组织或商品生产经营者之间存在各种经济往来关系，是最基本的市场经济活动，都需要通过合同来实现和连接，需要合同来维护当事人的合法权益，维护社会的经济秩序。合同是平等主体的自然人、法人、其他经济组织之间建立、变更、终止民事法律关系的协议。

建筑市场作为市场经济的组成，需要依靠合同来规范建设工程活动相关当事人的交易行为，以合同的内容作为实施建设工程行为的主要依据，保障建筑市场有序运行。尤其是工程建设管理的效果主要表现在对工程质量、进度、费用、安全、环境等目标的控制上，而这些控制目标正是在合同中具体约定的，在工程建设过程中严格遵守这些约定有利于顺利实现工程目标。合同管理贯穿于建设工程的全过程，在项目建设的各阶段都必须用合同的形式来约束各方的责任、权利和义务。

从我国建设领域现行的项目法人负责制、招标投标制、工程监理制和合同管理制四项制度来看，可以说，这些制度正是以合同制度为中心构建而成的。如项目法人责任制是要建立能够独立承担民事责任的主体制度，而市场经济中的民事责任主要是基于合同义务的合同责任。招标投标制是要确立一种公平、公正、公开的合同订立制度，是合同形成过程的程序要求。工程监理制也是依靠合同来规范业主、承包人、监理人相互之间关系的管理制度。

建筑市场中的各方主体，包括建设单位、勘察设计单位、施工单位、咨询单位、监理单位、材料设备供应单位等。这些主体都要依靠合同确立相互之间的关系。在这些合同中，有些属于建设工程合同，有些则是属于与建设工程相关的合同。建设工程合同可以从不同的角度进行分类。

二、建设工程合同类别

按照建设程序中不同阶段的划分，工程项目合同包括前期咨询合同、勘察设计合同、监理合同、招标代理合同、工程造价咨询合同、工程施工合同、货物采购合同、工程总承包合同、租赁合同、贷款合同等。

（一）工程项目前期咨询合同

工程项目前期咨询合同，是在投资建设的决策阶段，进行项目论证、可行性研究与项目评价等咨询活动所签订的合同。工程项目前期咨询工作影响投资决策的正确与否，关系着工程项目的成败，因此，加强工程项目前期咨询阶段的合同管理十分必要。

根据咨询合同规定，业主委托咨询单位开展工程项目的各项调查研究工作，咨询成果达到合同约定的标准和深度要求，按规定的数量按时向业主提供咨询成果，业主接受咨询成果，按约定向咨询单位支付咨询费用。

（二）工程勘察、设计合同

建设工程勘察设计合同是发包人与受委托勘察设计人为完成约定的勘察、设计任务，明确双方权利义务关系的协议。受托人应当完成发包人委托的勘察、设计任务，发包人则应接受符合约定要求的勘察、设计成果并支付报酬。发包人可以将勘察、设计分别发包给两家单位，也可以将整个建设工程的勘察、设计发包给一家勘察、设计单位。

勘察设计合同是工程项目合同的重要组成部分。《中华人民共和国合同法》的有关规定是勘察设计合同的重要依据；国务院2000年发布了《建设工程勘察设计管理条例》（2015年和2017年修订）、原建设部发布了《建设工程勘察设计合同管理办法》、其他行业主管部门针对勘察设计也专门制订相应办法，对勘察设计合同管理作出具体规定。

（三）工程监理合同

工程监理合同是指委托人与监理人就委托的工程项目管理内容签订的明确双方权利、义务的协议。在工程建设过程中，工程项目发包人和监理人应按相关法律、行政法规的规定，签订建设工程委托监理合同，在监理人、委托人、承包人之间分别形成不同的法律关系。监理合同的标的是服务，以对工程项目实施目标控制和管理为主要内容，委托的工作内容由委托人与监理人依据法律规定和合同约定，全面、适当地履行责任、权利和义务，力求使委托监理的工程项目实现预期目标，满足当事人订立合同的要求。

（四）工程施工合同

工程施工合同多采用承包的形式，因此常称为工程承包合同，是发包人和承包人为完成商定的工程项目，明确相互权利和义务关系的合同。依照施工合同，承包人应按要求完成一定的工程建设任务，发包人应提供必要的施工条件并支付工程价款。施工合同是工程建设质量控制、进度控制、投资控制的主要依据。

根据承发包的不同范围和形式，又可以将工程施工合同分为建设工程设计施工总承包合同、工程施工承包合同、施工分包合同等类型。如发包人将工程建设的勘察、设计、施工等任务发包给一个承包人，即为建设工程设计施工总承包合同；如发包人将全部或部分施工任务发包给一个承包人的合同，即为施工承包合同；如承包人将承包的工程中部分施工任务交与其他人完成而订立的合同，则为施工分包合同。

（五）货物采购合同

货物采购合同也即工程建设中涉及的设备材料的采购合同，是买卖双方之间为实现工程项目货物买卖，设立、变更、终止相互权利义务关系的协议。

货物采购包括材料采购和设备采购两部分，采购合同涉及的条款繁简程度差异较大。材料采购合同的条款一般限于材料交货验收，主要涉及交接程序、检验方式和质量要求、合同价款的支付等。大型设备的采购，除了交货工作外，往往还包括设备生产、设备安装调试、设备试运行和保修等方面的条款约定。

（六）工程总承包（EPC）合同

工程总承包模式，又称 EPC 模式，即设计－采购－施工（engineering － procurement － construction）模式，还可称为“交钥匙工程”“项目总承包”模式，指投资方仅选择一个总承包商或总承包商联合体，总承包商按照合同约定，负责整个工程项目的设计、采购、施工和试运行，并对承包工程的安全、质量、进度、造价全面负责，最终提供完整的可交付使用的工程项目的建设模式。

第二节　建设工程合同遵守原则及其订立

一、建设工程合同应遵守的原则

订立建设工程合同，应遵守如下基本原则：

（一）遵守法律法规、公序良俗原则

订立合同的主体、内容、形式、程序等都要符合法律法规。合同当事人订立、履行合同，必须遵守法律和行政法规，尊重社会公德、公序良俗，不得扰乱社会经济秩序，损害社会公共利益，这是合同成立的基本要求。只有符合法律法规的合同，才能受到国家法律的保护，为当事人实现预期的交易目标提供基本保障。

（二）平等自愿原则

平等原则体现在合同签约各方在法律地位上是平等的，合同要在双方友好协商的基础上订立，任何一方都不得把自己的意志强加于另一方，更不得强迫对方签订合同。自愿，即合同自由，是指合同当事人在法律法规允许范围内，根据自己的意愿签订合同，即有权选择合同的订立对象、条款内容、订立时间，依法变更和解除合同。

（三）公平原则

合同当事人应当按照公平原则确定各方的权利和义务，设立、变更或取消民事法律关系。在订立工程项目合同中贯彻公平原则，应体现商品交换等价有偿的客观规律和要求，签约各方的合同权利和义务要对等而不能显失公平，要合理分担责任和风险，做到给付的均衡。

（四）诚实信用原则

诚实信用原则是上述各项原则的基础，根据这一原则，合同当事人在订立合同时应诚实、实事求是向对方说明自己订立合同的条件、要求和履约能力，充分表达自己的真实意愿，不得有隐瞒、欺诈的内容。在拟定合同条款时，要充分考虑对方的合法权益和实际情况，以善意的方式设定合同权利和义务，并在合同实施过程中诚实地行使权利、履行义务。

二、建设工程合同的订立

建设工程合同的订立采取要约和承诺方式。招标、投标、中标的过程实质就是要约、承诺的一种具体方式。招标人通过媒体发布招标公告，或向符合条件的投标人发出招标邀请，为要约邀请；投标人根据招标内容在约定的期限内向招标人提交投标文件，为要约；招标人通过评标确定中标人，发出中标通知书，为承诺。招标人和中标人按照中标通知书、招标文件和中标人的投标文件等订立书面合同时，合同成立并生效。在投标和签订合同之前，承包人均应对合同的合法性、完备性、合同双方的责任、权益进行审查、确认，对可能发生的合同风险进行识别、分析和预防。

考虑到建设工程的重要性和复杂性，在建设过程中容易发生影响合同履行的纠纷，因此，《合同法》要求建设工程合同应当采用书面形式，即采用要式合同。

三、鼓励采用合同示范文本

工程建设行业推行合同示范文本制度，在招投标和缔约工作中，通过使用标准化的合同示范文本，有助于实现以下目标：

（1）可以帮助当事人准确规定合同的各项内容，保证合同条款完整完备、避免缺款少项，防止出现显失公平的合同条款，保证交易安全。

（2）有利于当事人了解并遵守有关法律、法规，确保建设工程合同中的各项内容符合法律法规的规定要求。

（3）显著降低交易成本，提高交易效率，简化合同条款协商和谈判缔约工作的复杂性，并有利于当事人履行合同的规范和顺畅。

（4）有利于行政管理机关对合同的监督，有助于仲裁机构或者人民法院裁判纠纷，最大限度地维护当事人的合法权益。

附：【根据工程实践和业界经验将合同谈判的要领总结如下，试加以讨论并补充】

（1）做事先做人。为人要厚道，做事要专业，与人交往、言谈举止、举手投足间应具备真诚、友善、敬业、智慧的基本素质，心怀互利共赢观。

（2）知彼知己，百战不殆。收集整理各种基础资料和背景资料，分析自身情况，了解谈判对方，实时分析双方优劣势、共同利益和矛盾分歧，保证谈判信息的连续性。

（3）要制定谈判策略，掌控谈判节奏。鼓励进行建设型谈判，谈判气氛宜亲切、友好。

（4）听话要专心。认真听取对方陈述，判断讲话的内容、诚意与弦外之音。

（5）发问要平和。可采用探询式、澄清式、导语式，要避免用盘问或审问式的问句，不要过急过激。

（6）叙述要明确。无把握就沉默。叙述要切题、精确，少用“大概”“也许”“可能”等不确定的词，也不要随意提出一个有“上下限”性质的两个数值，因为如那样实际上等于给对方一个重新要价的基础。

（7）答复要慎重。为了最大程度地实现有利于自己的结局，不要急于见好就收，要充分地思考后再作答复。

（8）说服要有理有力。说服工作是谈判的关键，有备而来的谈判是不可能把对方“说服”到对方的底线以下。即使是己方处于绝对有利的地位，也不能给人以盛气凌人的感觉。

（9）辩论要耐心。不怕拖，要摆足事实，讲透道理，原则问题不让步，抓关键、抓要害，枝节问题不纠缠。

（10）承诺要守信。市场经济是信用经济，信誉就是资本，守信是第一商德。

（11）打破僵局要善用创造性思维。以跳跃性思维开发可能的设想和选择方案，对僵局问题探索不同的方法，提出有价值的创造性设想和方案。

（12）要利用好非正式谈判场合。为谋求解决难题或突破谈判僵局安排特殊的如午餐会、酒会、调研参观等非正式的场外谈判。

第三节　建设工程勘察设计合同概述

一、建设工程勘察设计合同概念

建设工程勘察，是指根据建设工程的要求，查明、分析、评价建设场地的地质地理环境特征和岩土工程条件，编制建设工程勘察文件的活动。建设工程勘察的内容一般包括工程测量、水文地质勘察和工程地质勘察。目的在于查明工程项目建设地点的地形地貌、地层土壤岩型、地质构造、水文条件等自然地质条件资料，进行鉴定和综合评价，为建设项目的工程设计和施工提供科学的依据。建设工程勘察合同是指发包人与勘察人就完成建设工程地理、地质状况的调查研究工作而达成的明确双方权利、义务的协议。就具体工程项目的需求而言，可以委托勘察人承担一项或多项工作，订立合同时应具体明确约定勘察工作范围和成果要求。

建设工程设计，是指根据建设工程的要求，对建设工程所需的技术、经济、资源、环境等条件进行综合分析、论证，编制建设工程设计文件。设计是基本建设的重要环节。在建设项目的选址和设计任务书已确定的情况下，建设项目是否能保证技术上先进和经济上合理，设计将起着决定性作用。建设工程设计合同，是指设计人依据约定向发包人提供建设工程设计文件，发包人受领该成果并按约定支付酬金的合同。

二、建设工程勘察设计合同示范文本

（一）建设工程勘察合同示范文本

依据《合同法》《建筑法》《招标投标法》等相关法律法规的规定，住房和城乡建设部、国家工商行政管理总局对《建设工程勘察合同（一）[岩土工程勘察、水文地质勘察（含凿井）、工程测量、工程物探]》（GF-2000-0203）及《建设工程勘察合同（二）[岩土工程设计、治理、监测]》（GF-2000-0204）进行修订，制定了《建设工程勘察合同（示范文本）》（GF-2016-0203）。

《示范文本》由合同协议书、通用合同条款和专用合同条款三部分组成。

1. 合同协议书

《示范文本》合同协议书包括如下条款：

（1）工程概况；

（2）勘察范围和阶段、技术要求及工作量；

（3）合同工期；

（4）质量标准；

（5）合同价款；

（6）合同文件构成；

（7）承诺；

（8）词语定义；

（9）签订时间；

（10）签订地点；

（11）合同生效；

（12）合同份数。

该部分内容集中约定了合同当事人基本的合同权利义务。

2. 通用合同条款

通用合同条款是合同当事人根据《建筑法》《合同法》等相关法律法规，考虑工程勘察管理的特殊需要，就工程勘察的实施及相关事项对合同当事人的权利义务作出的原则性约定。

《示范文本》通用合同条款具体包括：

（1）一般约定：包括词语定义、合同文件及优先解释顺序、适用法律法规、技术标准、语言文字、联络、严禁贿赂、保密；

（2）发包人：包括发包人权利、发包人义务、发包人代表；

（3）勘察人：包括勘察人权利、勘察人义务、勘察人代表；

（4）工期：包括开工及延期开工、成果提交日期、发包人造成的工期延误、勘察人造成的工期延误、恶劣气候条件；

（5）成果资料：包括成果质量、成果份数、成果交付、成果验收；

（6）后期服务：包括后续技术服务、竣工验收；

（7）合同价款与支付：包括合同价款与调整、定金或预付款、进度款支付、合同价款结算；

（8）变更与调整：包括变更范围与确认、变更合同价款确定；

（9）知识产权；

（10）不可抗力：包括不可抗力的确认、不可抗力的通知、不可抗力后果的承担；

（11）合同生效与终止；

（12）合同解除；

（13）责任与保险；

（14）违约：包括发包人违约、勘察人违约；

（15）索赔：包括发包人索赔、勘察人索赔；

（16）争议解决：包括和解、调解、仲裁或诉讼；

（17）补充条款。

3. 专用合同条款

建设工程勘察合同专用合同条款是对通用合同条款原则性约定的细化、完善、补充、修改或另行约定的条款。合同当事人可以根据不同建设工程勘察的特点及具体情况，通过双方的谈判、协商对相应的专用合同条款进行修改补充。专用合同条款及其附件优先于通用合同条款。

（二）建设工程设计合同示范文本

依据《合同法》《建筑法》《招标投标法》等相关法律法规，住房和城乡建设部、国家工商行政管理总局对《建设工程设计合同（一）（民用建设工程设计合同）》(GF-2000-0209）及《建设工程设计合同（二）（专业建设工程设计合同）》（GF-2000-0210）进行修订，制定了《建设工程设计合同示范文本（房屋建筑工程）》（GF-2015-0209）及《建设工程设计合同示范文本（专业建设工程）》（GF-2015-0210）。

两个版本设计合同示范文本均由合同协议书、通用合同条款和专用合同条款三部分组成，且所含条款一致。

1. 合同协议书

《示范文本》合同协议书集中约定了合同当事人基本的权利义务，具体包括以下条款：

（1）工程概况；

（2）工程设计范围、阶段与服务内容；

（3）工程设计周期；

（4）合同价格形式与签约合同价；

（5）发包人代表与设计人项目负责人；

（6）合同文件构成；

（7）承诺；

（8）词语定义；

（9）签订时间；

（10）签订地点；

（11）合同生效；

（12）合同份数。

2. 通用合同条款

通用合同条款是合同当事人根据《建筑法》《合同法》等法律法规的规定，考虑工程设计管理的特殊需要，就工程设计的实施及相关事项，对合同当事人的权利义务作出的原则性约定。

通用合同条款具体包括以下内容：

（1）一般约定：包括词语定义与解释、语言文字、法律、技术标准、合同文件的优先顺序、联络、严禁贿赂、保密；

（2）发包人：包括发包人一般权利、发包人代表、发包人决定、支付合同条款、设计文件接收；

（3）设计人：包括设计人一般权利、项目负责人、设计人人员、设计分包、联合体；

（4）工程设计资料；

（5）工程设计要求：包括工程设计一般要求、工程设计保证措施、工程设计文件的要求、不合格工程设计文件的处理；

（6）工程设计进度与周期：包括工程设计进度计划、工程设计开始、工程设计进度延误、暂停设计、提前交付工程设计文件；

（7）工程设计文件交付：包括工程设计文件交付的内容、工程设计文件交付的方式、工程设计文件交付的时间及份数；

（8）工程设计文件审查；

（9）施工现场配合服务；

（10）合同价款与支付：包括合同价款组成、合同价格形式、定金或预付款、进度款支付、合同价款的结算与支付、支付账户；

（11）工程设计变更与索赔；

（12）专业责任与保险；

（13）知识产权；

（14）违约责任：包括发包人的违约责任、设计人的违约责任；

（15）不可抗力：包括不可抗力的确认、不可抗力的通知、不可抗力后果的承担；

（16）合同解除；

（17）争议解决：包括和解、调解、争议评审、仲裁或诉讼、争议解决条款效力。

3. 专用合同条款

工程设计专用合同条款是对通用合同条款原则性约定的细化、完善、补充、修改或另行约定的条款。合同当事人可以根据不同建设工程设计的特点及具体情况，通过双方的谈判、协商对相应的专用合同条款进行修改补充。专用合同条款及其附件优先于通用合同条款。

第四节　建设工程勘察设计合同的订立

一、建设工程勘察合同的内容和当事人

（一）建设工程勘察合同委托的内容

发包人在建设工程勘察合同中向勘察人委托的工作内容一般如下：

1. 工程测量

工程测量，包括平面控制测量、高程控制测量、地形测量、摄影测量、线路测量和绘制测量图等项工作，为建设项目的选址（选线）、设计和施工提供有关地形地貌的依据。

2. 水文地质勘察

水文地质勘察，一般包括水文地质测绘、地球物理勘探、钻探、抽水试验、地下水动态观测、水文地质参数计算、地下水资源评价和地下水资源保护方案等工作，并提供详细的水文地质勘察资料。

3. 工程地质勘察

工程地质勘察，包括选址勘察、初步勘察、详细勘察以及施工勘察。选址勘察主要解决工程地址的确定问题；初步勘察是为了初步设计做好基础性工作，详细勘察和施工勘察则主要针对建设工程地基进行评价，并为地基处理和加固基础而进行深层次勘察。

（二）建设工程勘察合同当事人

建设工程勘察合同当事人包括发包人和勘察人。发包人通常可能是工程建设项目的建设单位或者工程总承包单位。建设工程项目具有投资大、周期长、质量要求高、技术要求强、事关国计民生等特点，且勘察设计是工程建设的重中之重，影响着整个工程建设的成败。因此，国家对勘察合同的勘察人有严格的管理制度。

勘察工作是一项专业性很强的工作，责任重大，是工程质量保障的基础，因此，一般的非法人组织和自然人是不能承担的，依据我国法律规定，作为承包人的勘察单位必须具备法人资格。

建设工程勘察业务需要专业人员、技术和设备，只有取得相应资质的企业才能经营。因此，建设工程勘察合同的承包方须持有工商行政管理部门核发的企业法人营业执照，且必须在其核准的经营范围内从事建设活动。

建设工程勘察合同的承包方还必须持有住房与城乡建设行政主管部门颁发的工程勘察资质证书、工程勘察收费资格证书，应当在其资质等级许可的范围内承揽建设工程勘察业务。

关于建设工程勘察设计企业资质管理制度，我国法律、行政法规均作了明确规定。建设工程勘察、设计企业应当按照其拥有的注册资本，专业技术、人员、技术装备和勘察设计业绩等条件申请资质，经审查合格，取得建设工程勘察、设计资质证书后，方可在资质等级许可的范围内从事建设工程勘察、设计活动。取得资质证书的建设工程勘察、设计企业可以从事相应的建设工程勘察、设计咨询和技术服务。

（三）订立勘察合同应约定的内容

1. 发包人应向勘察人提供的文件资料

发包人应及时向勘察人提供下列文件资料，并对其准确性、可靠性负责，通常包括：

（1）本工程的批准文件（复印件），以及用地（附红线范围）、施工、勘察许可等批件（复印件）。

（2）工程勘察任务委托书、技术要求和工作范围的地形图、建筑总平面布置图。

（3）勘察工作范围已有的技术资料及工程所需的坐标与标高资料。

（4）勘察工作范围地下已有埋藏物的资料（如电力、电信电缆、各种管道、人防设施、洞室等）及具体位置分布图。

（5）其他必要相关资料。

如果发包人不能提供上述资料，一项或多项由勘察人收集时，订立合同时应予以明确发包人需向勘察人支付相应费用。

2. 发包人应为勘察人提供现场的工作条件

根据项目的具体情况，双方可以在合同内约定由发包人负责保证勘察工作顺利开展应提供的条件，可包括：

（1）落实土地征用、青苗树木赔偿；

（2）拆除地上地下障碍物；

（3）处理施工扰民及影响施工正常进行的有关问题；

（4）平整施工现场；

（5）修好通行道路、接通电源水源、挖好排水沟渠以及水上作业用船等。

3. 勘察工作的成果

在明确委托勘察工作的基础上，约定勘察成果的内容、形式以及成果的要求等。具体写明勘察人应向发包人交付的报告、成果、文件的名称，交付数量，交付时间和内容要求。

4. 勘察费用的阶段支付

订立合同时约定工程费用阶段支付的时间、占合同总金额的百分比和相应的款额。勘察合同的阶段支付时间通常按勘察工作完成的进度或委托勘察范围内的各项工作中提交某部分的成果报告进行分阶段支付，而不是按月支付。

5. 合同约定的勘察工作开始和终止时间

当事人双方应在订立的合同内，明确约定勘察工作开始的日期，以及交付勘察成果的时间。

6. 合同争议的解决方式

明确约定解决合同争议的最终方式是采用仲裁或诉讼。采用仲裁时，需注明仲裁委员会的名称。

二、建设工程设计合同的内容

（一）建设工程设计合同当事人及内容

建设工程设计合同当事人包括发包人和设计人。发包人通常是工程建设项目的业主（建设单位）、项目管理单位或工程总承包单位。设计人是具有相应设计资质的企业法人。发包人在建设工程设计合同中向设计人委托的工作内容一般如下：

设计人根据建设工程的要求，对建设工程所需的技术、经济、资源、环境等条件进行综合分析、论证，依据约定向发包人提供建设工程设计文件。一般包括初步设计和施工图设计，对于技术复杂而又缺乏经验的项目，可以增加技术设计。对一些大型项目，为解决总体部署和开发问题，还需进行总体规划设计或方案设计。

（二）订立设计合同应约定的内容

1. 委托设计项目的内容

订立设计合同时应明确委托设计项目的具体要求，包括分项工程、单位工程的名称、设计阶段和各部分的设计费。如民用建筑工程中，各分项名称对应的建设规模（层数、建筑面积）；设计人承担的设计任务是全过程设计（方案设计、初步设计、施工图设计），还是部分阶段的设计任务；相应分项名称的建筑工程总投资；相应的设计费用等。

2. 发包人应向设计人提供的有关资料和文件

（1）设计依据文件和资料。包括经批准的项目可行性研究报告或项目建议书；城市规划许可文件；工程勘察资料等。发包人应在合同中约定向设计人提交的有关资料和文件名称、份数、提交时间和有关事宜。

（2）项目设计要求，包括：限额设计的要求；设计依据的标准；建筑物的设计合理使用年限要求；设计深度要求；设计人配合施工工作的要求。

一般，设计标准可以高于国家规范的强制性规定，发包人不得要求设计人违反国家有关标准进行设计。方案设计文件应当满足编制初步设计文件和控制概算的需要；初步设计文件，应当满足编制施工招标文件、主要设备材料订货和编制施工图设计文件的需要；施工图设计文件，应当满足设备材料采购、非标准设备制作和施工的需要，并注明建设工程合理使用年限。还应规定设计人向发包人和施工承包人进行设计交底、处理有关设计问题、参加重要隐蔽工程部位验收和竣工验收等事项。

3. 工作开始和终止时间

合同内约定设计工作开始和终止的时间，作为设计期限。

4. 设计费用的支付

合同双方不得违反国家有关最低收费标准的规定，任意压低勘察、设计费用。合同内除了写明双方约定的总设计费外，还需列明分阶段支付进度款的条件、占总设计费的百分比及金额。

5. 发包人应为设计人提供现场的服务

包括施工现场的工作条件、生活条件及交通等方面的具体内容。

6. 设计人应交付的设计资料和文件

明确分项列明设计人应向发包人交付的设计资料和文件，包括资料和文件的名称、份数、提交日期和其他有关事项的要求。

7. 违约责任

包括承担违约责任的条件和违约金的计算方法等。

8. 合同争议的最终解决方式

约定仲裁或诉讼为解决合同争议的最终方式。

第五节　建设工程勘察设计合同的履行

一、建设工程勘察合同的履行

本部分以住房和城乡建设部与国家工商行政管理总局联合颁布的《建设工程勘察合同（示范文本）》为例，根据该合同示范文本，对发包人和勘察人履行建设工程勘察合同的主要工作和规定的内容进行分析。

（一）勘察合同中双方的权利义务

1. 发包人的义务

发包人应以书面形式向勘察人明确勘察任务及技术要求。

发包人应对勘察人满足质量标准的已完工作，按照合同约定及时支付相应的工程勘察合同价款及费用。

发包人应提供工程勘察作业所需的批准及许可文件，包括立项批复、占用和挖掘道路许可等。

发包人应提供开展工程勘察工作所需要的图纸及技术资料，包括总平面图、地形图、已有水准点和坐标控制点等，若上述资料由勘察人负责搜集时，发包人应承担相关费用。

发包人应为勘察人提供作业场地内地下埋藏物（包括地下管线、地下构筑物等）的资料、图纸，没有资料、图纸的地区，发包人应委托专业机构查清地下埋藏物。若因发包人未提供上述资料、图纸，或提供的资料、图纸不实，致使勘察人在工程勘察工作过程中发生人身伤害或造成经济损失时，由发包人承担赔偿责任。

发包人应为勘察人提供具备条件的作业场地及进场通道（包括土地征用、障碍物清除、场地平整、提供水电接口和青苗赔偿等）并承担相关费用。

发包人应按照法律法规规定为勘察人安全生产提供条件并支付安全生产防护费用，发包人不得要求勘察人违反安全生产管理规定进行作业。若勘察现场需要看守，特别是在有毒、有害等危险现场作业时，发包人应派人负责安全保卫工作；按国家有关规定，对从事危险作业的现场人员进行保健防护，并承担费用。

2. 勘察人的权利

勘察人在工程勘察期间，根据项目条件和技术标准、法律法规规定等方面的变化，有权向发包人提出增减合同工作量或修改技术方案的建议。

除建设工程主体部分的勘察外，根据合同约定或经发包人同意，勘察人可以将建设工程其他部分的勘察分包给其他具有相应资质等级的建设工程勘察单位。发包人对分包的特殊要求应在专用合同条款中另行约定。

勘察人对其编制的所有文件资料，包括投标文件、成果资料、数据和专利技术等拥有知识产权。

3. 勘察人的义务

勘察人应按勘察任务书和技术要求并依据有关技术标准进行工程勘察工作。勘察人应建立质量保证体系，按合同约定的时间提交质量合格的成果资料，并对其质量负责。勘察人在提交成果资料后，应为发包人继续提供后期服务。

勘察人开展工程勘察活动时应遵守有关职业健康及安全生产方面的各项法律法规的规定，采取安全防护措施，确保人员、设备和设施的安全。勘察人应在勘察方案中列明环境保护的具体措施，并在合同履行期间采取合理措施保护作业现场环境。

勘察人在燃气管道、热力管道、动力设备、输水管道、输电线路、临街交通要道及地下通道（地下隧道）附近等风险性较大的地点，以及在易燃易爆地段及放射、有毒环境中进行工程勘察作业时，应编制安全防护方案并制定应急预案。

4. 发包人的权利

发包人对勘察人的勘察工作有权依照合同约定实施监督，并对勘察成果予以验收。

发包人对勘察人无法胜任工程勘察工作的人员有权提出更换。

发包人拥有勘察人为其项目编制的所有文件资料的使用权，包括投标文件、成果资料和数据等。

（二）勘察合同的工期

1. 合同工期的约定

勘察合同应对工期进行明确约定，具体写明开工日期，成果提交日期，合同工期（总日历天数）。勘察人应按合同约定的工期进行工程勘察工作，并接受发包人对工程勘察工作进度的监督、检查。因发包人原因不能按照合同约定的日期开工，发包人应以书面形式通知勘察人，推迟开工日期并相应顺延工期。

2. 发包人造成的工期延误

因以下情形造成工期延误，勘察人有权要求发包人延长工期、增加合同价款和（或）补偿费用：

（1）发包人未能按合同约定提供图纸及开工条件；

（2）发包人未能按合同约定及时支付定金、预付款和（或）进度款；

（3）变更导致合同工作量增加；

（4）发包人增加合同工作内容；

（5）发包人改变工程勘察技术要求；

（6）发包人导致工期延误的其他情形。

3. 勘察人造成的工期延误

勘察人因以下情形不能按照合同约定的日期或双方同意顺延的工期提交成果资料的，勘察人承担违约责任：

（1）勘察人未按合同约定开工日期开展工作造成工期延误的；

（2）勘察人管理不善、组织不力造成工期延误的；

（3）因弥补勘察人自身原因导致的质量缺陷而造成工期延误的；

（4）因勘察人成果资料不合格返工造成工期延误的；

（5）勘察人导致工期延误的其他情形。

4. 恶劣气候条件

恶劣气候条件影响现场作业，导致现场作业难以进行，造成工期延误的，勘察人有权要求发包人延长工期。

（三）合同价款与支付

1. 合同价款的形式

合同当事人可任选下列一种合同价款的形式并在专用合同条款中约定：

（1）总价合同。双方在专用合同条款中约定合同价款包含的风险范围和风险费用的计算方法，在约定的风险范围内合同价款不再调整。风险范围以外的合同价款调整因素和方法也应在专用合同条款中约定。

（2）单价合同。合同价款根据工作量的变化而调整，合同单价在风险范围内一般不予调整，双方可在专用合同条款中约定合同单价调整因素和方法。

（3）其他合同价款形式。合同当事人可在专用合同条款中约定其他合同价格形式。

2. 合同价款的支付

（1）定金或预付款。如合同规定实行定金或预付款，双方应在专用合同条款中约定发包人向勘察人支付定金或预付款数额，支付时间应不迟于约定的开工日期前 7 天。发包人不按约定支付，勘察人向发包人发出要求支付的通知，发包人收到通知后仍不能按要求支付，勘察人可在发出通知后推迟开工日期，并由发包人承担违约责任。

（2）进度款支付。发包人应按照专用合同条款约定的进度款支付方式、支付条件和支付时间进行支付。发包人超过约定的支付时间不支付进度款，勘察人可向发包人发出要求付款的通知，发包人收到勘察人通知后仍不能按要求付款，可与勘察人协商签订延期付款协议，经勘察人同意后可延期支付。

发包人不按合同约定支付进度款，双方又未达成延期付款协议，勘察人可停止工程勘察作业和后期服务，由发包人承担违约责任。

（四）违约责任

1. 发包人违约

（1）发包人违约情形。发包人违约的情形如下：

①合同生效后，发包人无故要求终止或解除合同；②发包人未按定金或预付款的约定按时支付定金或预付款；③发包人未按进度款支付的约定按时支付进度款；④发包人不履行合同义务或不按合同约定履行义务的其他情形。

（2）发包人违约责任。发包人违约责任如下：

①合同生效后，发包人无故要求终止或解除合同，勘察人未开始勘察工作的，不退还发包人已付的定金或发包人按照专用合同条款约定向勘察人支付违约金；勘察人已开始勘

察工作的，若完成计划工作量不足 50% 的，发包人应支付勘察人合同价款的 50%；完成计划工作量超过 50% 的，发包人应支付勘察人合同价款的 100%。

②发包人发生其他违约情形时，发包人应承担由此增加的费用和工期延误损失，并给予勘察人合理赔偿。双方可在专用合同条款内约定发包人赔偿勘察人损失的计算方法或者发包人应支付违约金的数额或计算方法。

2. 勘察人违约

（1）勘察人违约情形。勘察人违约的情形如下：

①合同生效后，勘察人因自身原因要求终止或解除合同；②因勘察人原因不能按照合同约定的日期或合同当事人同意顺延的工期提交成果资料；③因勘察人原因造成成果资料质量达不到合同约定的质量标准；④勘察人不履行合同义务或未按约定履行合同义务的其他情形。

（2）勘察人违约责任。勘察人违约责任包括：

①合同生效后，勘察人因自身原因要求终止或解除合同，勘察人应双倍返还发包人已支付的定金或按照专用合同条款约定向发包人支付违约金。

②因勘察人原因造成工期延误的，应按专用合同条款约定向发包人支付违约金。

③因勘察人原因造成成果资料质量达不到合同约定的质量标准，勘察人应负责无偿给予补充完善使其达到质量合格。因勘察人原因导致工程质量安全事故或其他事故时，勘察人除负责采取补救措施外，应通过所投工程勘察责任保险向发包人承担赔偿责任或根据直接经济损失程度按专用合同条款约定向发包人支付赔偿金。

④勘察人发生其他违约情形时，勘察人应承担违约责任并赔偿因其违约给发包人造成的损失，双方可在专用合同条款内约定勘察人赔偿发包人损失的计算方法和赔偿金额。

（五）索赔

1. 发包人索赔

勘察人未按合同约定履行义务或发生错误以及应由勘察人承担责任的其他情形，造成工期延误及发包人的经济损失，发包人可按下列程序向勘察人索赔：

（1）违约事件发生后 7 天内，向勘察人发出索赔意向通知；

（2）发出索赔意向通知后 14 天内，向勘察人提出经济损失的索赔报告及有关资料；

（3）勘察人在收到发包人送交的索赔报告和有关资料或补充索赔理由、证据后，于 28 天内给予答复；

（4）勘察人在收到发包人送交的索赔报告和有关资料后 28 天内未予答复或未对发包人作进一步要求，视为该项索赔已被认可；

（5）当该违约事件持续进行时，发包人应阶段性向勘察人发出索赔意向，在违约事件终了后 21 天内，向勘察人送交索赔的有关资料和最终索赔报告。

2. 勘察人索赔

发包人未按合同约定履行义务或发生错误以及应由发包人承担责任的其他情形，造成工期延误和（或）勘察人不能及时得到合同价款及勘察人的经济损失，勘察人可按下列程序向发包人索赔：

（1）违约事件发生后 7 天内，勘察人可向发包人发出要求其采取有效措施纠正违约行为的通知；发包人收到通知 14 天内仍不履行合同义务，勘察人有权停止作业，并向发包人发出索赔意向通知。

（2）发出索赔意向通知后 14 天内，向发包人提出延长工期和（或）补偿经济损失的索赔报告及有关资料；

（3）发包人在收到勘察人送交的索赔报告和有关资料或补充索赔理由、证据后，于 28 天内给予答复；

（4）发包人在收到勘察人送交的索赔报告和有关资料后 28 天内未予答复或未对勘察人作进一步要求，视为该项索赔已被认可；

（5）当该索赔事件持续进行时，勘察人应阶段性向发包人发出索赔意向，在索赔事件终了后 21 天内，向发包人送交索赔的有关资料和最终索赔报告。

二、建设工程设计合同的履行

本部分以住房和城乡建设部与国家工商行政管理总局联合颁布的《建设工程设计合同示范文本（专业建设工程）》为例，根据该合同示范文本，对发包人和设计人履行建设工程设计合同的主要工作和规定的内容进行分析。

（一）设计合同中双方的权利义务

1. 发包人的义务

发包人应遵守法律，并完成法律规定由其办理的许可、核准或备案，如建设用地规划许可证、建设工程规划许可证等许可、核准或备案。

发包人负责项目各阶段设计文件向有关管理部门的送审报批工作，并负责将报批结果书面通知设计人。因发包人原因未能及时办理完毕相关许可、核准或备案手续，导致设计工作量增加、设计周期延长时，由发包人承担由此增加的设计费用、延长的设计周期。

发包人应当负责工程设计的所有外部关系（如与当地政府主管部门）的协调，为设计人履行合同提供必要的外部条件。

发包人应按合同约定向设计人及时足额支付合同价款。

2. 设计人的义务

设计人应遵守法律和有关技术标准的强制性规定，完成合同约定范围内的专业建设工程初步设计、施工图设计，提供符合技术标准及合同要求的工程设计文件，提供施工配合服务。

设计人按合同约定配合发包人办理有关许可、核准或备案手续的，因设计人原因造成发包人未能及时办理许可、核准或备案手续，导致设计工作量增加、设计周期延长时，由设计人自行承担由此增加的设计费用、设计周期延长的责任。

（二）对工程设计文件的要求

工程设计文件的编制应符合法律、技术标准的强制性规定及合同的要求。工程设计依据应完整、准确、可靠，设计方案论证充分，计算成果可靠，并能够实施。工程设计文件的深度应满足本合同相应设计阶段的规定要求，并符合国家和行业现行有效的相关规定。应在工程设计文件中注明相应的合理使用寿命年限并予以保证。

工程设计文件还应当保证工程施工及投产后安全性要求，满足工程经济性包括节约投资及降低生产成本要求、合理布局要求，按照有关法律规定在工程设计文件中提出保障施工作业人员安全和预防生产安全事故的措施建议，安全设施应当按规定同步设计。

（三）工程设计进度与周期

设计人应提交工程设计进度计划，工程设计进度计划经发包人批准后实施。工程设计进度计划中的设计周期应由发包人与设计人协商确定，明确约定各阶段设计任务的完成时间、区间。工程设计进度计划是控制工程设计进度的依据，发包人有权按照工程设计进度计划中列明的关键性控制节点检查工程设计进度情况。

发包人应按照法律规定获得工程设计所需的许可。发包人一般应在计划开始设计日期7天前向设计人发出开始工程设计工作通知，工程设计周期自开始设计通知中载明的开始设计的日期起算。

设计人应当在收到发包人提供的工程设计资料及约定的定金或预付款后，开始工程设计工作。

（四）合同价款与支付

1. 合同价款的形式

（1）签约合同价。签约合同价是指发包人和设计人在合同协议书中确定的总金额。

（2）合同价格或设计费。合同价格又称设计费，是指发包人用于支付设计人按照合同约定完成工程设计范围内全部工作的金额，包括合同履行过程中按合同约定发生的价格变化。

2. 合同价格形式

主要有如下几种合同价格形式：

（1）单价合同。单价合同是指合同当事人约定以建筑面积（包括地上建筑面积和地下建筑面积）每平方米单价或实际投资总额的一定比例等双方认可方式进行合同价格计算、调整和确认的建设工程设计合同，在约定的范围内合同单价不作调整。合同当事人应约定单价包含的风险范围和风险费用的计算方法，并约定风险范围以外的合同价格的调整方法。

（2）总价合同。总价合同是指合同当事人约定以发包人提供的上一阶段工程设计文件及有关条件进行合同价格计算、调整和确认的建设工程设计合同，在约定的范围内合同总价不进行调整。合同当事人应约定总价包含的风险范围和风险费用的计算方法，并约定风险范围以外的合同价格的调整方法。

（3）其他价格形式。合同当事人还可约定其他合同价格形式。

（五）工程设计变更

发包人变更工程设计的内容、规模、功能、条件等，应当向设计人提供书面要求，设计人在不违反法律规定以及技术标准强制性规定的前提下应当按照发包人要求变更工程设计。

发包人变更工程设计的内容、规模、功能、条件或因提交的设计资料存在错误或进行较大修改时，发包人应按设计人所耗工作量向设计人增付设计费，设计人可与发包人协商对合同价格和 / 或完工时间进行可共同接受的修改。

如果由于发包人要求更改而造成的项目复杂性的变更或性质的变更使得设计人的设计工作减少，发包人可与设计人协商对合同价格和 / 或完工时间进行可共同接受的修改。

（六）知识产权

合同当事人应保证在履行合同过程中不侵犯对方及第三方的知识产权。

一般来说，发包人提供给设计人的图纸、发包人为实施工程自行编制或委托编制的技术规格书以及反映发包人要求的或其他类似性质的文件的著作权属于发包人，设计人可以为实现合同目的而复制、使用此类文件，但不能用于与合同无关的其他事项。

设计人为实施工程所编制的文件的著作权属于设计人，发包人可因实施工程的运行、调试、维修、改造等目的而复制、使用此类文件，但不能擅自修改或用于与合同无关的其他事项。

（七）违约责任

1. 发包人违约

合同生效后，发包人因非设计人原因要求终止或解除合同，设计人未开始设计工作的，不退还发包人已付的定金或发包人按照合同约定向设计人支付的违约金；已开始设计工作的，发包人应按照设计人已完成的实际工作量计算设计费，完成工作量不足一半时，按该阶段设计费的一半支付设计费；超过一半时，按该阶段设计费的全部支付设计费。

发包人未按合同约定的金额和期限向设计人支付设计费的，应向设计人支付违约金。逾期超过 15 天时，设计人有权书面通知发包人中止设计工作。

2. 设计人违约

合同生效后，设计人因自身原因要求终止或解除合同，设计人应按发包人已支付的定金金额双倍返还给发包人或按照合同约定向发包人支付违约金。由于设计人原因，未按合同约定的时间交付工程设计文件的，应向发包人支付违约金。

设计人对工程设计文件出现的遗漏或错误负责修改或补充。由于设计人原因产生的设计问题造成工程质量事故或其他事故时，设计人除负责采取补救措施外，应当通过所投建设工程设计责任保险向发包人承担赔偿责任或者根据直接经济损失程度向发包人支付赔偿金。

设计人未经发包人同意擅自对工程设计进行分包的，发包人有权要求设计人解除未经发包人同意的设计分包合同，设计人应承担违约责任。

第六节　建设工程委托监理合同管理

一、概述

工程建设监理，即包括在施工阶段对施工安装工作所进行的监理，以及对项目设备采购的监理与设备监造，也可包括在设计阶段对设计工作所进行的监理。通常可把建设监理的工作概括为“三控两管一协调”（质量控制、进度控制、投资控制、合同管理、信息管理、组织协调）。本章以最为普遍采用的施工监理为对象进行分析。

实行监理的建设工程项目，需由建设单位委托具有相应资质条件的工程监理单位监理，建设单位（委托人）与其委托的工程监理单位（监理人，即受托人）应当订立书面委托监理合同，明确监理单位承担服务的内容及双方的权利和义务以及法律责任。建筑工程监理应当依照法律、行政法规及有关的技术标准、设计文件和建筑工程承包合同，对承包单位在施工质量、建设工期和建设资金使用等方面，代表建设单位实施监督。实施建筑工程监理前，建设单位应当将委托的工程监理单位、监理的内容及监理权限，书面通知被监理的建筑施工企业。

二、建设工程委托监理合同简介

依据《合同法》《建筑法》《招标投标法》等相关法律法规的规定，住房和城乡建设部、国家工商行政管理总局制定了《建设工程监理合同（示范文本）》（GF-2012-0202），示范文本由合同协议书、通用合同条款和专用合同条款三部分组成。

1. 合同协议书

《建设工程监理合同（示范文本）》合同协议书内容包括：

（1）工程概况；

（2）词语限定；

（3）组成合同的文件；

（4）总监理工程师；

（5）签约酬金；

（6）期限；

（7）双方承诺；

（8）合同订立。

2. 通用合同条款

《建设工程监理合同（示范文本）》通用合同条款内容包括：

（1）定义与解释：对组成合同文件中的特定名词赋予含义。

（2）监理人的义务：包括监理的范围和工作内容、监理与相关服务依据、项目监理机构与人员、履行职责、提交报告、文件资料、使用委托人的财产。

（3）委托人的义务：包括告知、提供资料、提供工作条件、委托人代表、委托人意见或要求、答复、支付。

（4）违约责任：包括监理人的违约责任、委托人的违约责任、除外责任。

（5）支付：包括支付货币、支付申请、支付酬金、有争议部分的付款。

（6）合同生效、变更、暂停、解除与终止。

（7）争议解决：包括协商、调解、仲裁或诉讼。

（8）其他：包括外出考察费用、检测费用、咨询费用、奖励、守法诚信、保密、通知、著作权。

3. 专用合同条款

建设工程监理合同专用合同条款是对通用合同条款原则性约定的细化、完善、补充、修改或另行约定的条款。专用合同条款及其附件优先于通用合同条款。

三、建设工程委托监理合同的内容

（一）合同的当事人及项目监理机构

监理合同的当事人双方应当具有民事权利能力和民事行为能力。委托人应为国家批准的建设项目，落实投资计划的企事业单位、其他社会组织及个人，监理人（受托人）应为依法成立具有法人资格的监理单位，并且所承担的工程监理业务应与单位资质相符合。

根据《建设工程监理规范》，监理单位履行施工阶段的委托监理合同时，须在施工现场建立项目监理机构。项目监理机构的组织形式和规模，应根据委托监理合同规定的服务内容、服务期限、工程类别、规模、技术复杂程度、工程环境等因素确定。监理人员应包括总监理工程师、专业监理工程师和监理员，必要时可配备总监理工程师代表：

（1）总监理工程师是由监理单位法定代表人书面授权，全面负责委托监理合同的履行、主持项目监理机构工作的监理工程师。

（2）专业监理工程师是根据项目监理岗位职责分工和总监理工程师的指令，负责实施某一专业或某一方面的监理工作，具有相应监理文件签发权的监理工程师。

（3）监理员是经过监理业务培训，具有同类工程相关专业知识，从事具体监理工作的监理人员。

（4）总监理工程师代表是经监理单位法定代表人同意，由总监理工程师书面授权，代表总监理工程师行使其部分职责和权力的项目监理机构中的监理工程师。

（二）合同双方的义务

监理合同一经生效，委托人和监理人就要严格按合同规定，履行应尽义务。

1. 委托人的义务

根据监理合同示范文本，委托人的义务和工作主要有如下方面：

（1）委托人应在委托人与承包人签订的合同中明确监理人、总监理工程师和授予项目监理机构的权限。

（2）委托人应按照合同约定，无偿向监理人提供工程有关的资料。委托人应为监理人完成监理与相关服务提供必要的条件，如提供房屋、设备，供监理人无偿使用；负责协调工程建设中所有外部关系，为监理人履行合同提供必要的外部条件。

（3）在合同约定的监理与相关服务工作范围内，委托人对承包人的任何意见或要求应通知监理人，由监理人向承包人发出相应指令；委托人应在合同约定的时间内，对监理人以书面形式提交并要求作出决定的事宜，给予书面答复。

（4）委托人应按合同约定，向监理人支付酬金。

2. 监理人的义务

监理人的义务和工作主要有如下方面：

（1）编制监理规划、监理实施细则。

（2）主持监理例会并根据工程需要主持或参加专题会议；参加由委托人主持的图纸会审和设计交底会议。

（3）审查施工承包人提交的施工组织设计，重点审查质量安全技术措施、专项施工方案与工程建设强制性标准的符合性；审查施工承包人提交的施工进度计划，核查承包人对施工进度计划的调整。

（4）检查施工承包人工程质量、安全生产管理制度及组织机构和人员资格；检查施工承包人专职安全生产管理人员的配备情况；审核施工分包人资质条件；检查施工承包人的试验室。

（5）审查工程开工条件，签发开工令；经委托人同意，签发工程暂停令和复工令。

（6）审查施工承包人报送的工程材料、构配件、设备质量证明文件的有效性和符合性，并按规定对用于工程的材料采取平行检验或见证取样方式进行抽检；在巡视、旁站和检验过程中，发现工程质量、施工安全存在事故隐患的，要求施工承包人整改并报委托人；审查施工承包人提交的采用新材料、新工艺、新技术、新设备的论证材料及相关验收标准；验收隐蔽工程、分部分项工程。

（7）审核施工承包人提交的工程款支付申请，签发或出具工程款支付证书，并报委托人审核、批准；审查施工承包人提交的竣工结算申请并报委托人。

（8）审查施工承包人提交的工程变更申请，协调处理施工进度调整、费用索赔、合同争议等事项。

（9）审查施工承包人提交的竣工验收申请，编写工程质量评估报告；参加工程竣工验收，签署竣工验收意见；编制、整理工程监理归档文件并报委托人。

（三）合同双方的权利

委托人和监理人应按照监理合同的规定行使各自的权利。

1. 委托人的权利

监理合同中规定的委托人的权利，主要有如下方面：

（1）委托人有选定工程总监理人与其订立合同的权利。

（2）委托人有对工程规模、设计标准、规划设计、生产工艺设计和设计使用功能要求的认定权，以及对工程设计变更的审批权。

（3）委托人有权要求监理人提供监理工作月报及监理业务范围内的专项报告。

（4）当发现监理人员不履行监理职责，或与承包人串通给委托人或工程造成损失的，委托人有权要求监理人更换监理人员。

2. 监理人的权利

监理人在委托人委托的工程范围内，享有以下权利：

（1）选择工程总承包人的建议权；选择工程分包人的认可权。

（2）对工程建设有关事项包括工程规模、设计标准、规划设计、生产工艺设计和使用功能要求，向委托人的建议权。

（3）对工程设计中的技术问题，按照安全和优化的原则，向设计人提出建议。当发现工程设计不符合质量标准时，监理人应当报告委托人并要求设计人更正。

（4）审批工程施工组织设计和技术方案，按照保质量、保工期和降成本原则，向承包人提出建议，并向委托人提出书面报告。

（5）主持工程建设有关协作单位的组织协调，重要协调事项应当事先向委托人报告。

（6）征得委托人同意，监理人有权发布开工令、停工令、复工令。

（7）工程上使用的材料和施工质量的检验权。对于不符合设计要求和合同约定及国家质量标准的材料、构配件、设备，有权通知承包人停止使用。对于不符合规范和质量标准的工序、分部、分项工程和不安全施工作业，有权通知承包人停工整改、返工。

（8）工程施工进度的检查、监督权，以及工程实际竣工日期提前或超过工程施工合同规定的竣工期限的签认权。

（9）在工程施工合同约定的工程价格范围内，工程款支付的审核和签认权，以及工程结算的复核确认权与否决权。

在委托的工程范围内，委托人或监理人对对方的意见和要求（包括索赔），均必须向监理机构提出，由监理机构研究处置意见，再同双方协商确定。

（四）支付

合同中应约定酬金数额及所采用的货币种类、比例和汇率。支付的酬金包括正常工作酬金、附加工作酬金、合理化建议奖励金额及费用。

监理人应在合同约定的每次应付款时间之前，向委托人提交支付申请书。支付申请书应当说明当期应付款总额，并列出当期应支付的款项及其金额。委托人对监理人提交的支付申请书有异议时，应当向监理人发出异议通知。无异议部分的款项应按期支付。

（五）合同的变更、解除与终止

1. 合同的变更

任何一方提出变更请求时，双方经协商一致后可进行变更。除不可抗力外，因非监理人原因导致监理人履行合同期限延长、内容增加时，监理人应当将此情况与可能产生的影响及时通知委托人。增加的监理工作时间、工作内容应视为附加工作。

合同生效后，如果实际情况发生变化使得监理人不能完成全部或部分工作时，监理人应立即通知委托人。除不可抗力外，其善后工作以及恢复服务的准备工作应为附加工作。附加工作酬金的确定方法在专用条件中约定。

因工程规模、监理范围的变化导致监理人的正常工作量减少时，正常工作酬金应作相应调整。

2. 合同的解除

除双方协商一致可以解除合同外，当一方无正当理由未履行合同约定的义务时，另一方可以根据合同约定暂停履行合同直至解除合同。

3. 合同的终止

当监理人完成本合同约定的全部工作，且委托人与监理人结清并支付全部酬金时，合同即告终止。

（六）争议解决

（1）协商。双方应本着诚信原则协商解决彼此间的争议。

（2）调解。如果双方不能在商定的时间内解决合同争议，可以将其提交给合同约定的或事后达成协议的调解人进行调解。

（3）仲裁或诉讼。双方均有权不经调解直接向合同约定的仲裁机构申请仲裁或向有管辖权的人民法院提起诉讼。

（七）其他

（1）外出考察费用。经委托人同意，监理人员外出考察发生的费用由委托人审核后支付。

（2）检测费用。委托人要求监理人进行的材料和设备检测所发生的费用，由委托人支付。

（3）咨询费用。经委托人同意，根据工程需要由监理人组织的相关咨询论证会以及聘请相关专家等发生的费用由委托人支付。

（4）奖励。监理人在服务过程中提出的合理化建议，使委托人获得经济效益的，双方在专用条件中约定奖励金额的确定方法。

（5）保密。双方不得泄露对方申明的保密资料，亦不得泄露与实施工程有关的第三方所提供的保密资料。

【思考与练习】

1. 如何理解“合同管理是工程项目管理的核心”？

2. 订立建设工程合同应遵守的基本原则有哪些？

3. 在工程建设实践中为何鼓励采用合同示范文本？

4. 建设工程勘察、设计合同中双方如何更好实现相互配合？如何承担违约责任？

5. 收集查阅相关文献资料，了解国内外关于建设工程招投标与合同管理领域的研究热点和最新发展动态。

【在线测试题】

扫码书背面的二维码，获取答题权限。

第八章

建设工程施工合同管理

学习目标

本章要求掌握建设工程施工单价、总价和成本加酬金等不同合同类型、适用条件及特点。掌握建设工程施工合同示范文本内容组成,文件的优先解释顺序,熟悉订立合同需明确的内容,掌握发包人、承包人、监理人在建设工程施工准备阶段、施工阶段、竣工收尾阶段的主要义务、职责和风险,掌握施工进度管理、质量管理、支付管理、安全管理、变更管理、违约责任、不可抗力、索赔管理、竣工验收、竣工结算、缺陷责任期管理、最终结清等条款的主要内容和运作要点。

第一节　建设工程施工合同计价类型

建设工程施工承包合同根据计价方式大体上可分为单价合同、总价合同和成本加酬金合同。

一、单价合同及其应用

（一）单价合同

所谓单价合同（unit price contract），即根据计划工程内容和估算工程量，在合同中明确每项工作内容的单位价格，实际支付时则根据每项工作实际完成工程量乘以该项工作的单位价格计算该项工作的应付工程款。单价合同的特点是单价优先，多适应于施工发包的工程内容和工程量尚不能明确确定的情况。

由于单价合同是根据工程量实际发生的多少而支付相应的工程款，发生的多则多支付，发生的少则少支付，这使在施工工程“价”和“量”方面的风险分配对合同双方而言均显公平。

采用单价合同，发包单位可以在设计工作尚未完成、工程量清单尚未确定、工作内容无需完整详尽约定的情况下就开始施工招标，投标人只需对所列工程内容报出单价，从而缩短招标准备时间和投标时间，及早开工。但采用单价合同，需要在施工过程中协调工作内容、确认变更、核实已经完成的工程量。此外，实际应付工程款可能超过估算，控制投资难度较大。

单价合同又可分为固定单价和可变单价两种情况：

（1）固定单价合同，即单价固定不变，即便发生实际影响价格的情况也不对合同中约定的单价进行调整，因而对承包商而言存在较大的报价风险。固定单价更适合于工期较短、工作内容和工程量变化幅度不大的项目。

（2）可变单价合同，即单价可以根据实际情况进行一定范围的调整，如可以约定当实际工程量发生较大变化时、市场价格变动或遇到影响价格的新政时，可以据此对单价进行调整，并约定调整的规则和方法。相对于固定单价合同，可变单价合同条件下承包商承担价格的风险较小。

（二）工程量清单合同

所谓工程量清单，是建设工程的分部分项工程项目、措施项目、其他项目、规费项目和税金项目的名称和相应数量等的明细清单。工程量清单合同是承包人在投标时，按招投标文件就分部分项工程所列出的工程量表确定各分部分项工程费用的合同类型，实质上也属于单价合同。这类合同对工程“量”和“价”风险分摊较为公平合理，并鼓励承包商通过提高工效等手段控制成本，适用范围广。

在招标时，工程量清单把要求投标人完成的工程项目及其相应工程实体数量全部列出，为投标人提供拟建工程的基本内容、实体数量和质量要求等信息。这使所有投标人报价的范围、报价的对象是相同的，投标人按照工程量清单，自主确定填报工程量清单所列项目的单价与合价，为投标人的投标竞争提供了一个平等、共同、可比较的基础。

二、总价合同及其应用

所谓总价合同（lump sum contract），也称为总价包干合同，是指合同就约定的工程施工内容和要求，规定一个确定的总价作为业主支付给承包商的款额。总价合同又分固定总价合同和变动总价合同两种。

（一）固定总价合同

固定总价合同的价格计算是以设计图纸及技术规范为基础，工程工作范围和内容明确，业主的要求和条件清楚，在此基础上约定一个固定的合同总价，合同总价一般不因环境的变化和工作范围内工程量的增减而变化。在该模式下，承包商几乎承担了全部的工作量和价格变动的风险，如项目漏报、工作量计算错误、人员设备材料费价格上涨等，因此，承包商在报价时应对价格变动因素以及不可预见因素进行充分的估计。

采用固定总价合同能使业主在合同签订时就可以基本确定项目的总投资额，有利于投资控制；通过把不可预见因素和可能的工程变更风险分配给承包商，使业主承担的风险较小。

在固定总价合同中还可以约定，在工作范围较之合同规定发生变化、工程变更超过一定幅度等特殊条件下可以对合同价格进行调整。

固定总价合同一般适用于工程设计图纸完整详细、工程范围和任务明确，承包商了解现场条件、能准确确定工程量及施工计划，施工期较短、价格波动不大的项目。

（二）变动总价合同

变动总价合同又称可调总价合同，合同价格是以图纸及规定、规范为基础，按照时价（current price）进行计算，得到包括全部工程任务和内容的合同价格。在合同执行过程中，由于市场价格波动等原因而使工程所使用的人员设备材料成本增加时，可以按照合同约定对合同总价进行相应的调整；一般设计变更、工程量变化和其他工程条件变化所引起的费用变化也可以进行调整。因此，市场价格变动等风险由业主承担，较之固定总价合同在一定程度上降低了承包商的风险，但对业主而言，突破合同既定价格的风险有所增大。

在工程施工承包招标时，施工期限一年左右的项目一般可实行固定总价合同，通常不考虑价格调整问题，以签订合同时的单价和总价为准，物价上涨的风险全部由承包商承担。但是对建设周期一年半以上的工程项目，则应考虑施工期间市场价格的变化、通货膨胀等，采用可调总价合同。

需要指出的是，总价合同和单价合同在形式上有时较为相似，如有的总价合同的招标文件中也有工程量清单，也要求承包商提出各分项工程的报价，但两者的实质性区别是：总价合同是总价优先，承包商报总价，根据合同总价签订合同并进行结算。

三、成本加酬金合同及其应用

成本加酬金合同，也称为成本补偿合同或成本加成合同，即工程施工的最终合同价格将按照工程的实际成本再加上一定的酬金进行计算，管理费和利润等均包含在酬金中。在合同签订时，由于工程实际成本难以确定，一般只能确定酬金的取值比例或者计算原则。

采用这种合同，承包商利润有保证，价格变化或工程量变化的风险基本都由业主承担。但承包商往往缺乏降低成本的激励，甚至还可能通过提高工程成本而增加自身利润，不利于业主的投资控制。因此，成本加酬金合同通常仅适用于工程特别复杂，工程技术、结构方案难以预先确定，时间特别紧迫，如抢险、救灾工程。通过该合同模式可以简化招标，节省时间，不需等到施工图完成才开始招标和施工，实现设计和施工工作的搭接。成本加酬金合同可分为如下多种形式。

（一）成本加固定酬金合同

合同双方根据工程规模、工期、技术要求、工作复杂性及风险等因素确定一笔固定数目的报酬金额作为承包商的管理费及利润，对人工、材料、机械台班等直接成本则实报实销。此外，还可以约定如工作内容增多，当直接费用超过原估算成本一定比例时，可以增加固定的报酬金额，有时也可分阶段谈判确定固定报酬。

（二）成本加固定百分比酬金合同

合同双方商定在对工程直接成本实报实销的基础上，以工程直接成本乘以一定百分比例作为支付给承包商的报酬金额，具体百分比例由双方在签订合同时约定。采用这种方式，报酬费用总额随工程成本的加大而增加，不利于激励承包商降低成本。

此外，合同双方还可约定一个最高工程成本限价，如果承包商实际工程成本超过合同中规定的工程成本总价，则由承包商承担所有超出部分的费用，以促使承包商控制费用，不突破工程成本最高限价。

（三）成本加可变酬金合同

在这种合同模式下，合同双方首先确定一个工程成本估算价格，并在这个成本估算价基础上规定一个费用下限和费用上限，如分别约定为工程成本估算的70%和120%。承包商在规定费用下限以下完成工程即可获得奖金，超过费用上限则要对超出部分支付罚金。采用这种方式可规定，最大罚金限额不超过原先商定的最高酬金值。

成本加可变酬金合同还可按如下公式计算酬金，使实际成本低于目标成本，则可多获得酬金；实际成本超过目标成本，则酬金减少。

实际支付酬金＝双方约定的酬金百分比率 ×（2× 目标成本 － 实际成本）；或

实际支付酬金＝双方约定的酬金额 ×[1+（目标成本 － 实际成本）÷ 目标成本]

第二节　建设工程施工合同示范文本概述

依据《合同法》《建筑法》《招标投标法》及其他相关法律法规，住房和城乡建设部、国家工商行政管理总局制定了《建设工程施工合同（示范文本）》（GF-2017-0201）。该合同范本由合同协议书、通用合同条款和专用合同条款三部分组成，并提供了合同附件格式。

一、合同协议书概述

《建设工程施工合同（示范文本）》中合同协议书集中约定了合同当事人基本的合同权利义务。具体包括以下内容：

（1）工程概况；

（2）合同工期；

（3）质量标准；

（4）签约合同价与合同价格形式；

（5）项目经理；

（6）合同文件构成；

（7）承诺；

（8）词语含义；

（9）签订时间；

（10）签订地点；

（11）补充协议；

（12）合同生效；

（13）合同份数。

二、合同条款概述

（一）通用合同条款

《建设工程施工合同（示范文本）》中通用合同条款考虑了现行法律法规对工程建设的有关要求，也考虑了工程施工管理的特殊需要，是根据《合同法》《建筑法》《招标投标法》等相关法律法规的规定，就工程建设的实施及相关事项，对合同当事人的权利义务进行的原则性约定。

通用合同条款具体包括以下内容：

（1）一般约定：包括词语定义与解释、语言文字、法律、标准和规范、合同文件的优先顺序、图纸和承包人文件、联络、严禁贿赂、化石与文物、交通运输、知识产权、保密和工程量清单错误的修正；

（2）发包人：包括许可或批准、发包人代表、发包人人员、施工现场、施工条件和基础资料的提供、资金来源证明及支付担保、支付合同价款、组织竣工验收、现场统一管理协议；

（3）承包人：包括承包人的一般义务、项目经理、承包人人员、承包人现场查勘、分包、工程照管与成品、半成品保护、履约担保、联合体；

（4）监理人：包括监理人的一般规定、监理人员、监理人的指示、商定或确定；

（5）工程质量：包括质量要求、质量保证措施、隐蔽工程检查、不合格工程的处理、质量争议检测；

（6）安全文明施工与环境保护：包括安全文明施工、职业健康、环境保护；

（7）工期与进度：包括施工组织设计、施工进度计划、开工、测量放线、工期延误、不利物质条件、异常恶劣的气候条件、暂停施工、提前竣工；

（8）材料与设备：包括发包人供应材料与工程设备、承包人采购材料与工程设备、材料与工程设备的接收与拒收、材料与工程设备的保管与使用、禁止使用不合格的材料和工程设备、样品、材料与工程设备的替代、施工设备和临时设施、材料与专用设备要求；

（9）试验与检验：试验设备与试验人员、取样、材料、工程设备和工程的试验和检验、现场工艺试验；

（10）变更：包括变更的范围、变更权、变更程序、变更估价、承包人的合理化建议、变更引起的工期调整、暂估价、暂列金额、计日工；

（11）价格调整：市场价格波动引起的调整、法律变化引起的调整；

（12）合同价格、计量与支付：合同价格形式、预付款、计量、工程进度款支付、支付账户；

（13）验收与工程试车：分部分项工程验收、竣工验收、工程试车、提前交付单位工程的验收、施工期运行、竣工退场；

（14）竣工结算：包括竣工结算申请、竣工结算审核、甩项竣工协议、最终结清；

（15）缺陷责任与保修：包括工程保修的原则、缺陷责任期、质量保证金、保修；

（16）违约：包括发包人违约、承包人违约、第三人造成的违约；

（17）不可抗力：包括不可抗力的确认、不可抗力的通知、不可抗力后果的承担、因不可抗力解除合同；

（18）保险：包括工程保险、工伤保险、其他保险、持续保险、保险凭证、未按约定投保的补救、通知义务；

（19）索赔：包括承包人的索赔、对承包人索赔的处理、发包人的索赔、对发包人索赔的处理、提出索赔的期限；

（20）争议解决：包括和解、调解、争议评审、仲裁或诉讼、争议解决条款效力。

（二）专用合同条款

专用合同条款是对通用合同条款原则性约定的细化、完善、补充、修改或另行约定的条款。合同当事人可以根据不同建设工程的特点及具体情况，通过双方的谈判、协商对相应的专用合同条款进行修改补充。

三、合同中的重要定义

（一）日期和期限

（1）开工日期：包括计划开工日期和实际开工日期。计划开工日期是指合同协议书约定的开工日期；实际开工日期是指监理人按照开工通知约定发出的符合法律规定的开工通知中载明的开工日期。

（2）竣工日期：包括计划竣工日期和实际竣工日期。计划竣工日期是指合同协议书约定的竣工日期；实际竣工日期按照竣工日期的约定确定。

（3）工期：是指在合同协议书约定的承包人完成工程所需的期限，包括按照合同约定所作的期限变更。

（4）缺陷责任期：是指承包人按照合同约定承担缺陷修复义务，且发包人预留质量保证金的期限，自工程实际竣工日期起计算。

（5）保修期：是指承包人按照合同约定对工程承担保修责任的期限，从工程竣工验收合格之日起计算。

（二）合同价格和费用

（1）签约合同价：是指发包人和承包人在合同协议书中确定的总金额，包括安全文明施工费、暂估价及暂列金额等。

（2）合同价格：是指发包人用于支付承包人按照合同约定完成承包范围内全部工作的金额，包括合同履行过程中按合同约定发生的价格变化。

（3）费用：是指为履行合同所发生的或将要发生的所有必需的开支，包括管理费和应分摊的其他费用，但不包括利润。

（4）暂估价：是指发包人在工程量清单或预算书中提供的用于支付必然发生但暂时不能确定价格的材料、工程设备的单价、专业工程以及服务工作的金额。

（5）暂列金额：是指发包人在工程量清单或预算书中暂定并包括在合同价格中的一笔款项，用于工程合同签订时尚未确定或者不可预见的所需材料、工程设备、服务的采购，施工中可能发生的工程变更、合同约定调整因素出现时的合同价格调整以及发生的索赔、现场签证确认等的费用。

（6）计日工：是指合同履行过程中，承包人完成发包人提出的零星工作或需要采用计日工计价的变更工作时，按合同中约定的单价计价的一种方式。

（7）质量保证金：是指按照质量保证金约定承包人用于保证其在缺陷责任期内履行缺陷修补义务的担保。

（8）总价项目：是指在现行国家、行业以及地方的计量规则中无工程量计算规则，在已标价工程量清单或预算书中以总价或以费率形式计算的项目。

第三节 建设工程施工合同的订立

一、合同文件概述

（一）合同文件的组成

合同是对发包人和承包人履行约定义务过程中，有约束力的全部文件体系的总称。建设工程施工合同的通用条款中规定，在合同订立及履行过程中形成的与合同有关的文件均构成合同文件组成部分，合同的组成文件包括：

（1）合同协议书；

（2）中标通知书（如果有）；

（3）投标函及其附录（如果有）；

（4）专用合同条款及其附件；

（5）通用合同条款；

（6）技术标准和要求；

（7）图纸；

（8）已标价工程量清单或预算书；

（9）其他合同文件——经合同当事人双方确认构成合同的其他文件。

（二）合同文件的优先解释顺序

组成合同的各项文件应互相解释，互为说明。除专用合同条款另有约定外，以上合同文件序号为优先解释的顺序，其特点是：原则性基础性文件优先于具体技术性文件，专用条款优先于通用条款，时间在后的优先于时间在先的。

二、订立合同时需明确的内容

针对具体施工项目需要明确的内容较多，应在签订合同时以书面形式约定清晰。

（一）施工现场范围和施工临时占地

为便于承包人在现场开展施工工作，发包人应明确说明施工现场永久工程的占地范围并提供征地图纸，以及属于发包人施工前期配合义务的有关事项，如从现场外部接至现场的施工用水、用电、用气的位置等，以便承包人进行合理的施工组织。

项目施工如果需要临时用地，还需明确占地范围和临时用地移交承包人的时间。

（二）发包人提供图纸的期限和数量

对于发包人提供设计图纸，承包人负责施工的建设项目。由于初步设计完成后即可进行招标，因此订立合同时必须明确约定发包人陆续提供施工图纸的期限和数量。

还可能根据工程需要约定由承包人完成部分施工图设计，并应明确承包人的设计范围，提交设计文件的期限、数量，以及监理人签发图纸修改的期限等。

（三）发包人提供的材料和工程设备

对于主要建筑材料和施工设备由发包人负责提供的施工承包方式，需在合同中明确约定发包人提供的材料和设备分批交货的种类、规格、数量、交货期限和地点等。

（四）异常恶劣的气候条件的界定

施工过程中遇到不利于施工的气候条件会影响施工进度甚至被迫停工。通常，“异常恶劣的气候条件”属于发包人应承担的风险责任，“不利气候条件”则属于承包人的风险责任。因此，应根据项目所在地的气候特点，在专用条款中明确界定“异常恶劣的气候条件”和“不利气候条件”之间的界限。例如，多少毫米以上的降水，多少级以上的强风，多少温度上下的超高温或超低温天气等，以明确合同双方对气候条件影响施工的风险责任。

（五）合同价格随市场价格的调整

1. 基准日期

在合同通用条款中，可规定一个基准日期（如规定为投标截止日前的第 28 天）。承包人根据基准日期前的法律法规政策、规范标准和市场物价水平编制投标文件提出报价，并以基准日划分该日后由于政策法规变化或市场物价浮动对合同价格影响的责任。可在合同中约定，基准日期后，因法律法规、规范标准等的变化，导致承包人在合同履行中所需要的工程成本发生约定以外的增减时，相应调整合同价款；并可将基准日的价格作为长期合同中调价公式中的可调因素价格基期指数。

2. 调价条款

合同履行期间市场价格浮动对施工成本造成的影响是否允许调整合同价格，一般可根据合同工期的长短来决定。

通常，对工期较短（如不超过一年）的施工项目，认为承包人在投标报价中能够合理预见合同履行期间市场价格变化对施工成本的影响，可不设调价条款。

对工期较长（如超过一年）的施工项目，认为承包人在投标报价时难以合理预测长期的市场价格波动，因此可设调价条款，即由发包人和承包人共同分担市场价格变化的风险。一般可采用调价公式的办法，但调价仅适用于工程量清单中按单价支付部分的工程款，总价支付部分不考虑物价浮动对合同价格的调整。

3. 调价公式

因人工、材料和设备等价格波动影响合同价格时，根据专用合同条款中约定的数据，可按以下公式计算差额并调整合同价格：

$$\Delta P=P_0\left[A+\left(B_1\times\frac{F_{t1}}{F_{01}}+B_2\times\frac{F_{t2}}{F_{02}}+B_3\times\frac{F_{t3}}{F_{03}}+\cdots+B_n\times\frac{F_{tn}}{F_{0n}}\right)-1\right]$$

公式中：

ΔP——需调整的价格差额；

P_0——约定的付款证书中承包人应得到的已完成工程量的金额。此项金额应不包括价格调整、不计质量保证金的扣留和支付、预付款的支付和扣回。约定的变更及其他金额已按现行价格计价的，也不计在内；

A——定值权重（不调部分的权重）；

B_1，B_2，B_3，…，B_n——各可调因子的变值权重（可调部分的权重），为各可调因子在签约合同价中所占的比例；

F_{t1}，F_{t2}，F_{t3}，…，F_{tn}——各可调因子的现行价格指数，指约定的付款证书相关周期最后一天前若干天数（如 42 天）的各可调因子的价格指数；

F_{01}，F_{02}，F_{03}，…，F_{0n}——各可调因子的基本价格指数，指基准日期的各可调因子的价格指数。

价格调整公式中的各可调因子、定值和变值权重，以及基本价格指数及其来源在投标函附录价格指数和权重表中约定，非招标订立的合同，由合同当事人在专用合同条款中约定。价格指数应首先采用工程造价管理机构发布的价格指数，无前述价格指数时，可采用工程造价管理机构发布的价格代替。

三、订立合同时需明确的保险责任

（一）工程保险

通常，发包人应投保建筑工程一切险或安装工程一切险；发包人委托承包人投保的，因投保产生的保险费和其他相关费用由发包人承担。也可在专用合同条款另行约定有关工程保险责任的具体事项。

（二）工伤保险

承包人应依照法律规定参加工伤保险，并为其履行合同的全部员工办理工伤保险，缴纳工伤保险费，并要求分包人及由承包人为履行合同聘请的第三方依法参加工伤保险。

发包人也应依照法律规定参加工伤保险，并为在施工现场的全部员工办理工伤保险，缴纳工伤保险费，并要求监理人及由发包人为履行合同聘请的第三方依法参加工伤保险。

（三）其他保险

发包人和承包人可以为其施工现场的全部人员办理意外伤害保险并支付保险费，包括其员工及为履行合同聘请的第三方的人员，具体事项可由合同当事人在专用合同条款约定。

除专用合同条款另有约定外，承包人应为其施工设备等办理财产保险。

（四）保险的办理

合同当事人应及时向另一方当事人提交其已投保的各项保险的凭证和保险单复印件。合同当事人应与保险人保持联系，使保险人能够随时了解工程实施中的变动，并确保按保险合同条款要求持续保险。

（五）未按约定投保的补救

承包人未按合同约定办理保险或未能使保险持续有效的，则发包人可代为办理，所需费用由承包人承担。承包人未按合同约定办理保险，导致未能得到足额赔偿的，由承包人负责补足。

反之，发包人未按合同约定办理保险或未能使保险持续有效的，则承包人可代为办理，所需费用由发包人承担。发包人未按合同约定办理保险，导致未能得到足额赔偿的，由发包人负责补足。

（六）通知义务

除专用合同条款另有约定外，发包人变更除工伤保险之外的保险合同时，应事先征得承包人同意，并通知监理人；承包人变更除工伤保险之外的保险合同时，应事先征得发包人同意，并通知监理人。

保险事故发生时，投保人应按照保险合同规定的条件和期限及时向保险人报告。发包人和承包人应当在知道保险事故发生后及时通知对方。

第四节　施工准备阶段合同管理

“凡事预则立，不预则废”，良好的开端是成功的一半。本节将主要根据最新建设工程施工合同示范文本，分为发包人、承包人、监理人三方，阐述其在建设工程施工准备阶段应承担的相关义务和职责。

一、发包人的义务和职责

做好建设工程项目施工前的各项准备工作是保证工程项目顺利实施的重要前提，具体工程项目可根据实际情况在合同协议书或专用条款中约定开工时间，为了保证工程能按计划时间顺利开工，发包人应按合同中规定的义务和责任落实好工程开工的相关准备工作。

（一）办理工程许可和批准

发包人应根据法律法规规定，完成应由发包人办理的相关工程许可、批准或备案，包括建设用地规划许可证、建设工程规划许可证、建设工程施工许可证、施工所需临时用水、临时用电、中断道路交通、临时占用土地等许可和批准。发包人还应协助承包人办理法律规定的有关施工证件和批件。

因发包人原因未能及时办理完毕前述许可、批准或备案，应由发包人承担由此增加的费用和（或）延误的工期，并支付承包人合理的利润。

（二）派驻发包人代表

发包人应在专用合同条款中明确其派驻施工现场的发包人代表的姓名、职务、联系方式及授权范围等事项。发包人代表在发包人的授权范围内，负责处理合同履行过程中与发包人有关的具体事宜。发包人代表在授权范围内的行为由发包人承担法律责任。如发包人更换发包人代表，应提前书面通知承包人。

如发包人代表不能按照合同约定履行其职责及义务，并导致合同无法继续正常履行的，承包人可以要求发包人撤换发包人代表。

不属于法定必须监理的工程，监理人的职权可以由发包人代表或发包人指定的其他人员行使。

（三）施工现场、施工条件和基础资料的提供

1. 提供施工现场

除专用合同条款另有约定外，发包人应最迟于开工日期7天前向承包人移交施工现场。

2. 提供施工条件

除专用合同条款另有约定外，发包人应负责提供施工所需要的条件，包括：

（1）将施工用水、电力、通信线路等施工所必需的条件接至施工现场内；

（2）保证向承包人提供正常施工所需要的进入施工现场的交通条件；

（3）协调处理施工现场周围地下管线和邻近建筑物、构筑物、古树名木的保护工作，并承担相关费用；

（4）按照专用合同条款约定应提供的其他设施和条件。

3. 提供基础资料

发包人应当在移交施工现场前向承包人提供施工现场及工程施工所必需的毗邻区域内供水、排水、供电、供气、供热、通信、广播电视等地下管线资料，气象和水文观测资料，地质勘察资料，相邻建筑物、构筑物和地下工程等有关基础资料，并对所提供资料的真实性、准确性和完整性负责。

按照法律规定确需在开工后方能提供的基础资料，发包人应尽其努力及时地在相应工程施工前的合理期限内提供，合理期限应以不影响承包人的正常施工为限。

4. 逾期提供的责任

因发包人原因未能按合同约定及时向承包人提供施工现场、施工条件、基础资料的，由发包人承担由此增加的费用和（或）延误的工期。

（四）组织设计交底

发包人应按照专用合同条款约定的期限、数量和内容向承包人免费提供图纸，并组织承包人、监理人和设计人进行图纸会审和设计交底。发包人不得晚于开工通知载明的开工日期前14天向承包人提供图纸。

二、承包人的义务和职责

承包人在中标后就应着手开展各项前期工作，为工程的正式开工建设做好积极全面的准备。通常，在建设工程施工合同中，规定承包人在施工准备阶段应做好如下工作并承担相应的义务和责任。

（一）进行现场查勘

承包人应对发包人提交的基础资料所做出的解释和推断负责，但因基础资料存在错误、

遗漏导致承包人解释或推断失实的，由发包人承担责任。

承包人应对施工现场和施工条件进行查勘，并充分了解工程所在地的气象条件、交通条件、风俗习惯以及与完成合同工作有关的其他资料。因承包人未能充分查勘、了解前述情况或未能充分估计前述情况所可能产生后果的，承包人承担由此增加的费用和（或）延误的工期。

（二）编制施工实施计划

1. 施工组织设计

一般可在施工合同中约定，承包人应在合同签订后14天内，但最迟不得晚于开工通知载明的开工日期前7天，向监理人提交详细的施工组织设计，并对所有施工作业和施工方法的完备性、安全性、可靠性负责。按照《建设工程安全生产管理条例》规定，在施工组织设计中应针对深基坑工程、地下暗挖工程、高大模板工程、高空作业工程、深水作业工程、大爆破工程的施工编制专项施工方案。施工组织设计完成后，应将施工进度计划和施工方案说明报送监理人审批。

2. 施工进度计划

（1）施工进度计划的编制。承包人应按照施工组织设计约定提交详细的施工进度计划，施工进度计划的编制应当符合国家法律规定和一般工程实践惯例，施工进度计划经发包人批准后实施。

（2）施工进度计划的修订。施工进度计划不符合合同要求或与工程的实际进度不一致的，承包人应向监理人提交修订的施工进度计划，并附具有关措施和相关资料，由监理人报送发包人。合同中可约定，发包人和监理人应在收到修订的施工进度计划后7天内完成审核和批准或提出修改意见。发包人和监理人对承包人提交的施工进度计划的确认，不能减轻或免除承包人根据法律规定和合同约定应承担的任何责任或义务。

3. 质量保证体系

承包人按照施工组织设计中的约定向发包人和监理人提交工程质量保证体系及措施文件，建立完善的质量检查制度，并提交相应的工程质量文件。对于发包人和监理人违反法律规定和合同约定的错误指示，承包人有权拒绝实施。

4. 施工安全和环境保护措施计划

承包人应按法律规定和合同约定采取施工安全和环境保护措施，编制施工安全和环境保护措施计划，办理工伤保险，确保工程及人员、材料、设备和设施的安全。

（三）施工现场的道路和临时工程

承包人应负责修建、维修、养护和管理施工所需的临时道路，以及为开始施工所需的临时工程和必要的设施，以满足开工的要求。

（四）施工控制网

承包人应依据监理人提供的测量基准点、基准线和水准点及其书面资料，根据国家测绘基准、测绘系统和工程测量技术规范以及合同中对工程精度的要求，测设施工控制网，并将施工控制网点的资料报送监理人审批。

承包人在施工过程中负责管理施工控制网点，对丢失或损坏的施工控制网点应及时修复，并在工程竣工后将施工控制网点移交发包人。

（五）提出开工申请

承包人应在施工前期准备工作满足开工条件后，向监理人提交工程开工报审表。开工报审表应详细说明按合同进度计划正常施工所需的施工道路、临时设施、材料设备、施工人员等施工组织措施的落实情况以及工程的进度安排。

三、监理人的职责

监理人受发包人的委托和授权，对承包人在施工准备阶段的相关工作进行审查并承担相应的责任。

（一）审查措施方案进度计划

监理人对承包人报送的施工组织设计、施工进度计划、质量保证体系、施工安全和环境保护措施计划进行认真的审查、批准或要求承包人对不满足合同要求的部分进行修改。

监理人应重点审查承包人拟采用的施工组织、技术措施、进度计划安排是否满足合同要求，能否保证项目目标的实现。监理人审查后，应在约定的期限内，批复或提出修改意见。经监理人批准的施工进度计划称为“合同进度计划”。

为便于对工程进度的跟踪管控，监理人还可以要求承包人在合同进度计划的基础上编制并提交分阶段和分项的进度计划，可包括合同进度计划关键线路上的单位工程或分部工程的详细施工计划。

合同进度计划是开展各项施工工作组织和进度安排的依据，对承包人、发包人和监理人均形成约束力，承包人应根据进度计划施工，发包人应根据进度计划供应材料、发放图纸，监理人应按照进度计划进行检查确认和协调管理。发包人、监理人可根据合同进度计划判断承包人是否发生工期延误；承包人工作受到干扰时也可根据合同进度计划进行工期索赔。

（二）发出开工通知

监理人征得发包人同意后，应在开工日期前向承包人发出开工通知，合同工期自开工通知中载明的开工日起计算。

因发包人原因造成监理人未能在计划开工日期之日起90日内发出开工通知的，承包人有权提出价格调整要求，或者解除合同。发包人应当承担由此增加的费用和（或）延误的工期，并向承包人支付合理利润。

第五节 施工阶段合同管理

施工阶段是把工程项目从蓝图变为实体的关键阶段，也是发包人和承包人双方履行合同的实质性阶段。本节将主要根据建设工程施工合同示范文本等，从施工进度管理、质量管理、支付管理、安全管理、变更管理、违约责任、不可抗力、索赔管理多个方面，梳理归纳合同各方在建设工程施工阶段的主要工作及责任义务。

一、施工进度管理

（一）合同进度计划的动态管理

在工程施工阶段，对已确定的施工计划要进行动态管理。

一方面，为了保证承包人能够按计划施工，发包人应及时提供施工场地、设计图纸、甲供设备物资等，并通过协调使承包人施工工作不受外部或其他承包人的干扰，保证现场具备施工条件。另一方面，如发生工程的实际进度与合同进度计划不符，应通过采取赶工等措施消除延误或修订合同进度计划，以保证进度计划切实成为施工工作进度安排和工期保证的依据。

承包人可以主动提交修订合同进度计划的申请报告报发包人监理人审批；发包人监理人也可以向承包人发出修订合同进度计划的指示，承包人应按该指示修订进度计划报发包人监理人审批。

（二）工期延误

在工程实施过程中，经常会发生工期延误的情况，根据建设工程施工合同示范文本，可将导致工期延误的原因分为如下多种类型。

1. 发包人原因导致工期延误

在合同履行过程中，因下列情况导致工期延误和（或）费用增加的，由发包人承担由此延误的工期和（或）增加的费用，且发包人应支付承包人合理的利润：

（1）发包人未能按合同约定提供图纸或所提供图纸不符合合同约定；

（2）发包人未能按合同约定提供施工现场、施工条件、基础资料、许可、批准等开工条件；

（3）发包人提供的测量基准点、基准线和水准点及其书面资料存在错误或疏漏；

（4）发包人未能在计划开工日期前同意下达开工通知；

（5）发包人未能按合同约定日期支付工程预付款、进度款或竣工结算款；

（6）监理人未按合同约定发出指示、批准等文件。

因发包人原因未按计划开工日期开工的，发包人应按实际开工日期顺延竣工日期，确保实际工期不低于合同约定的工期总日历天数。因发包人原因导致工期延误需要修订施工进度计划的，按照关于施工进度计划修订的约定执行。

2. 承包人原因导致工期延误

因承包人原因造成工期延误的，可以在专用合同条款中约定逾期竣工违约金的计算方法和逾期竣工违约金的上限。承包人支付逾期竣工违约金后，并不免除承包人继续完成工程及修补缺陷的义务。

3. 不利物质条件

不利物质条件是指有经验的承包人在施工现场遇到的不可预见的自然物质条件、非自然的物质障碍和污染物，包括地表以下物质条件和水文条件以及专用合同条款约定的其他情形，但不包括气候条件。

承包人遇到不利物质条件时，应采取克服不利物质条件的合理措施继续施工，并及时通知发包人和监理人，说明不利物质条件的内容以及承包人认为不可预见的理由。监理人经发包人同意后应当及时发出指示，指示构成变更的，按变更约定执行。承包人因采取合理措施而增加的费用和（或）延误的工期由发包人承担。

4. 异常恶劣的气候条件

异常恶劣的气候条件是指在施工过程中遇到的，有经验的承包人在签订合同时不可预见的，对合同履行造成实质性影响的，但尚未构成不可抗力事件的恶劣气候条件。合同当事人可以在专用合同条款中约定异常恶劣的气候条件的具体情形。

承包人应采取克服异常恶劣的气候条件的合理措施继续施工，并及时通知发包人和监理人。监理人经发包人同意后应当及时发出指示，指示构成变更的，按变更约定办理。承包人因采取合理措施而增加的费用和（或）延误的工期由发包人承担。

（三）暂停施工

1. 暂停施工的责任

施工过程中发生暂停施工的原因，既可能是由于发包人的责任，也可能是由于承包人的责任。通用条款规定，对承包人责任引起的暂停施工，增加的费用和工期由承包人承担；对发包人责任引起的暂停施工，承包人有权要求发包人延长工期和（或）增加费用，并支付合理利润。

（1）承包人责任的暂停施工。承包人承担合同履行的风险较大，造成暂停施工的原因可能来自未能履行合同的行为责任，也可能源于其他应承担风险的责任：

①承包人违约引起的暂停施工；

②由于承包人原因，为工程合理施工和安全保障所必需的暂停施工；

③承包人擅自暂停施工；

④承包人其他原因引起的暂停施工；

（2）发包人责任的暂停施工。发包人应承担的暂停施工的风险责任，大体可以分为以下几类：

①发包人未履行合同规定的义务，如发包人采购的材料未能按时到货致使停工待料，发包人设计图纸提供不及时导致停工等。

②不可抗力。不可抗力的停工损失属于发包人应承担的风险，如施工期间发生地震、泥石流等自然灾害导致施工暂停。

③协调管理原因，如因在施工现场发生两个承包人之间因工作临时交叉发生相互干扰，监理人指示某一承包人暂停施工。

④法律法规及行政管理部门的指令。某些特殊情况下可能执行政府行政管理部门的指示，暂停一段时间的施工，如高考期间，邻近考点的工地为了减少噪声按要求暂停施工。

2. 暂停施工及复工

（1）暂停施工。监理人根据施工现场的实际情况，认为必要时，经发包人批准后可向承包人发出暂停施工的指示，承包人应按监理人指示暂停施工。

无论何种原因引起的暂停施工，监理人应与发包人和承包人协商，采取有效措施积极消除暂停施工的影响。暂停施工期间由承包人负责妥善保护工程并提供安全保障。

（2）复工。暂停施工后，发包人和承包人应采取有效措施积极消除暂停施工的影响。在工程复工前，监理人会同发包人和承包人确定因暂停施工造成的损失，并确定工程复工条件。当工程具备复工条件时，监理人应经发包人批准后向承包人发出复工通知，承包人应按照复工通知要求复工。

承包人无故拖延和拒绝复工的，承包人应承担由此增加的费用和（或）延误的工期；因发包人原因无法按时复工的，按照因发包人原因导致工期延误约定办理。

3. 紧急情况下的暂停施工

因紧急情况需暂停施工，且监理人未及时下达暂停施工指示的，承包人可先暂停施工，并及时通知监理人。监理人应在接到通知后及时发出指示，逾期未发出指示，视为同意承包人暂停施工。监理人不同意承包人暂停施工的，应说明理由，承包人对监理人的答复有异议，按照争议解决约定处理。

（四）发包人要求提前竣工

发包人要求承包人提前竣工的，发包人应通过监理人向承包人下达提前竣工指示，承包人应向发包人和监理人提交提前竣工建议书，提前竣工建议书应包括实施的方案、缩短的时间、增加的合同价格等内容。发包人接受该提前竣工建议书的，监理人应与发包人和承包人协商采取加快工程进度的措施，并修订施工进度计划，由此增加的费用由发包人承担。承包人认为提前竣工指示无法执行的，应向监理人和发包人提出书面异议，发包人和监理人应在收到异议后 7 天内予以答复。任何情况下，发包人不得压缩合理工期。

发包人要求承包人提前竣工，或承包人提出提前竣工的建议能够给发包人带来效益的，合同当事人可以在专用合同条款中约定提前竣工的奖励。

二、施工质量管理

（一）质量责任

因发包人原因造成工程质量未达到合同约定标准的，由发包人承担由此增加的费用和（或）延误的工期，并支付承包人合理的利润；因承包人原因造成工程质量未达到合同约定标准的，发包人有权要求承包人返工直至工程质量达到合同约定的标准为止，并由承包人承担由此增加的费用和（或）延误的工期。

（二）质量保证措施

1. 发包人的质量管理

发包人应按照法律规定及合同约定完成与工程质量有关的各项工作。

2. 承包人的质量管理

承包人按照施工组织设计约定向发包人和监理人提交工程质量保证体系及措施文件，建立完善的质量检查制度，并提交相应的工程质量文件。对于发包人和监理人违反法律规定和合同约定的错误指示，承包人有权拒绝实施。

承包人应对施工人员进行质量教育和技术培训，定期考核施工人员的劳动技能，严格执行施工规范和操作规程。

承包人应按照法律规定和发包人的要求，对材料、工程设备以及工程的所有部位及其施工工艺进行全过程的质量检查和检验，并作详细记录，编制工程质量报表，报送监理人审查。此外，承包人还应按照法律规定和发包人的要求，进行施工现场取样试验、工程复核测量和设备性能检测，提供试验样品、提交试验报告和测量成果以及其他工作。

3. 监理人的质量检查和试验

监理人按照法律规定和发包人授权对工程的所有部位及其施工工艺、材料和工程设备进行检查和检验。承包人应为监理人的检查和检验提供方便，包括监理人到施工现场，或制造、加工地点，或合同约定的其他地方进行察看和查阅施工原始记录。监理人为此进行的检查和检验，不免除或减轻承包人按照合同约定应当承担的责任。

监理人的检查和检验不应影响施工的正常进行。监理人的检查和检验影响施工正常进行的，且经检查检验不合格的，影响正常施工的费用由承包人承担，工期不予顺延；经检查、检验合格的，由此增加的费用和（或）延误的工期由发包人承担。

（三）隐蔽工程检查

1. 承包人自检

承包人应当对工程隐蔽部位进行自检，并经自检确认是否具备覆盖条件。

2. 检查程序

工程隐蔽部位经承包人自检确认具备覆盖条件的，承包人应在共同检查前书面通知监理人检查，通知中应载明隐蔽检查的内容、时间和地点，并应附有自检记录和必要的检查资料。

监理人应按时到场并对隐蔽工程及其施工工艺、材料和工程设备进行检查。经监理人检查确认质量符合隐蔽要求，并在验收记录上签字后，承包人才能进行覆盖。经监理人检查质量不合格的，承包人应在监理人指示的时间内完成修复，并由监理人重新检查，由此增加的费用和（或）延误的工期由承包人承担。

监理人不能按时进行检查的，应在检查前提前向承包人提交书面延期要求，由此导致工期延误的，工期应予以顺延。监理人未按时进行检查，也未提出延期要求的，视为隐蔽工程检查合格，承包人可自行完成覆盖工作，并作相应记录报送监理人，监理人应签字确认。监理人事后对检查记录有疑问的，可按重新检查的约定重新检查。

3. 重新检查

承包人覆盖工程隐蔽部位后，发包人或监理人对质量有疑问的，可要求承包人对已覆盖的部位进行钻孔探测或揭开重新检查，承包人应遵照执行，并在检查后重新覆盖恢复原状。经检查证明工程质量符合合同要求的，由发包人承担由此增加的费用和（或）延误的工期，并支付承包人合理的利润；经检查证明工程质量不符合合同要求的，由此增加的费用和（或）延误的工期由承包人承担。

4. 承包人私自覆盖

承包人未通知监理人到场检查，私自将工程隐蔽部位覆盖的，监理人有权指示承包人钻孔探测或揭开检查，无论工程隐蔽部位质量是否合格，由此增加的费用和（或）延误的工期均由承包人承担。

（四）不合格工程的处理

因承包人原因造成工程不合格的，发包人有权随时要求承包人采取补救措施，直至达到合同要求的质量标准，由此增加的费用和（或）延误的工期由承包人承担。无法补救的，按照拒绝接收全部或部分工程约定执行。

因发包人原因造成工程不合格的，由此增加的费用和（或）延误的工期由发包人承担，并支付承包人合理的利润。

（五）分部分项工程验收

分部分项工程质量应符合国家有关工程施工验收规范、标准及合同约定，承包人应按照施工组织设计的要求完成分部分项工程施工。

分部分项工程经承包人自检合格并具备验收条件的，承包人应提前通知监理人进行验收。监理人不能按时进行验收的，应在验收前提前向承包人提交书面延期要求，但延期不能超过规定的时间。监理人未按时进行验收，也未提出延期要求的，承包人有权自行验收，监理人应认可验收结果。分部分项工程未经验收的，不得进入下一道工序施工。

三、工程款支付管理

（一）引起合同价格调整的原因

1. 市场价格波动引起的调整

施工工期 12 个月以上的工程，应考虑市场价格浮动对合同价格的影响，由发包人和承包人分担市场价格变化的风险。通用条款规定用公式法调价，但仅适用于工程量清单中单价支付部分。在调价公式的应用中，有以下基本原则：

（1）暂时确定调整差额。在计算调整差额时无现行价格指数的，合同当事人同意暂用前次价格指数计算。实际价格指数有调整的，合同当事人进行相应调整。

（2）权重的调整。因变更导致合同约定的权重不合理时，按照商定或约定执行。

（3）因承包人原因工期延误后的价格调整。因承包人原因未按期竣工的，对合同约定的竣工日期后继续施工的工程，在使用价格调整公式时，应采用计划竣工日期与实际竣工日期的两个价格指数中较低的一个作为现行价格指数。

2. 法律法规变化引起的调整

基准日期后，因法律变化导致承包人在合同履行过程中所需费用发生增加时，由发包人承担由此增加的费用；费用减少时，应从合同价格中予以扣减。基准日期后，因法律变化造成工期延误时，工期应予以顺延。

因法律变化引起的合同价格和工期调整，合同当事人无法达成一致的，由总监理工程师按商定或确定的约定处理。

因承包人原因造成工期延误，在工期延误期间出现法律变化的，由此增加的费用和延误的工期由承包人承担。

（二）工程量计量

工程量应按照合同约定的计算规则、图纸及变更指示等进行计算。工程量计算规则应以相关的国家标准、行业标准等为依据，由合同当事人在专用合同条款中约定。

单价合同的计量可参照如下约定执行：

（1）承包人应于每月25日向监理人报送上月20日至当月19日已完成的工程量报告，并附具进度付款申请单、已完成工程量报表和有关资料。

（2）监理人应在收到承包人提交的工程量报告后7天内完成对承包人提交的工程量报表的审核并报送发包人，以确定当月实际完成的工程量。监理人对工程量有异议的，有权要求承包人进行共同复核或抽样复测。承包人应协助监理人进行复核或抽样复测，并按监理人要求提供补充计量资料。承包人未按监理人要求参加复核或抽样复测的，监理人复核或修正的工程量视为承包人实际完成的工程量。

（3）监理人未在收到承包人提交的工程量报表后的7天内完成审核的，承包人报送的工程量报告中的工程量视为承包人实际完成的工程量，据此计算工程价款。

（三）工程进度款的支付

1. 进度付款申请

承包人应在每个付款周期（一般为每月）末，按监理人批准的格式和专用条款约定的份数，向监理人提交进度付款申请单，并附相应的支持性证明文件（如已完成工程量报表）。进度付款申请单的内容包括：

（1）截至本次付款周期已完成工作对应的金额；

（2）根据变更约定应增加和扣减的变更金额；

（3）根据预付款约定应支付的预付款和扣减的返还预付款；

（4）根据质量保证金约定应扣减的质量保证金；

（5）根据索赔约定应增加和扣减的索赔金额；

（6）对已签发的进度款支付证书中出现错误的修正，应在本次进度付款中支付或扣除的金额；

（7）根据合同约定应增加和扣减的其他金额。

2. 进度款审核和支付

除专用合同条款另有约定外，监理人应在收到承包人进度付款申请单以及相关资料后

7天内完成审查并报送发包人，发包人应在收到后7天内完成审批并签发进度款支付证书。发包人逾期未完成审批且未提出异议的，视为已签发进度款支付证书。

如发包人和监理人对承包人的进度付款申请单有异议，有权要求承包人修正和提供补充资料，承包人应提交修正后的进度付款申请单。监理人应在收到承包人修正后的进度付款申请单及相关资料后7天内完成审查并报送发包人，发包人应在收到监理人报送的进度付款申请单及相关资料后7天内，向承包人签发无异议部分的临时进度款支付证书。

发包人应在进度款支付证书签发后14天内完成支付，发包人逾期支付进度款的，应按照银行同期同类贷款基准利率支付违约金。

发包人签发进度款支付证书或临时进度款支付证书，不表明发包人已同意、批准或接受了承包人完成的相应部分的工作。

对已签发的进度款支付证书进行阶段汇总和复核中发现错误、遗漏或重复的，发包人和承包人均有权提出修正申请。经发包人和承包人同意的修正，应在下期进度付款中支付或扣除。

四、施工安全管理

1. 发包人的施工安全责任

发包人应负责赔偿以下各种情况造成的损失：

（1）工程或工程的任何部分对土地的占用所造成的第三者财产损失；

（2）由于发包人原因在施工场地及其毗邻地带造成的第三者人身伤亡和财产损失；

（3）由于发包人原因对承包人、监理人造成的人员人身伤亡和财产损失；

（4）由于发包人原因造成的发包人自身人员的人身伤害以及财产损失。

2. 承包人的安全责任

由于承包人原因在施工场地内及其毗邻地带造成的发包人、监理人以及第三者人员伤亡和财产损失，由承包人负责赔偿。

3. 安全事故处理程序

（1）通知。施工过程中发生安全事故时，承包人应立即通知监理人，监理人应立即通知发包人。

（2）及时采取减损措施。工程事故发生后，发包人和承包人应立即组织人员和设备进行紧急抢救和抢修，减少人员伤亡和财产损失，防止事故扩大，并保护事故现场。需要移动现场物品时，应做出标记和书面记录，妥善保管有关证据。

（3）报告。工程事故发生后，发包人和承包人应按国家有关规定，及时如实地向有关部门报告事故发生的情况，以及正在采取的紧急措施。

五、变更管理

发包人和监理人均可以提出变更。变更指示均通过监理人发出，监理人发出变更指示前应征得发包人同意。承包人收到经发包人签认的变更指示后，方可实施变更。未经许可，承包人不得擅自对工程的任何部分进行变更。

如涉及设计变更，应由设计人提供变更后的图纸和说明。如变更超过原设计标准或批准的建设规模时，发包人应及时办理规划、设计变更等审批手续。

（一）变更的范围和内容

通常，合同规定的变更范围包括：

（1）增加或减少合同中任何工作，或追加额外的工作；

（2）取消合同中任何工作，但转由他人实施的工作除外；

（3）改变合同中任何工作的质量标准或其他特性；

（4）改变工程的基线、标高、位置和尺寸；

（5）改变工程的时间安排或实施顺序。

（二）变更程序

1. 发包人提出变更

如发包人提出变更，应通过监理人向承包人发出变更指示，变更指示应说明计划变更的工程范围和变更的内容。

2. 监理人提出变更建议

如监理人提出变更建议，需要向发包人以书面形式提出变更计划，说明计划变更工程范围和变更的内容、理由，以及实施该变更对合同价格和工期的影响。如发包人同意变更，应由监理人向承包人发出变更指示；如发包人不同意变更，监理人无权擅自发出变更指示。

3. 变更执行

承包人收到监理人下达的变更指示后，认为不能执行，应立即提出不能执行该变更指示的理由。承包人认为可以执行变更，应当书面说明实施该变更指示对合同价格和工期的影响，且合同当事人应当按照变更估价约定确定变更估价。

（三）变更估价与工期调整

1. 变更估价的一般原则

（1）已标价工程量清单或预算书有相同项目的，按照相同项目单价认定；

（2）已标价工程量清单或预算书中无相同项目，但有类似项目的，参照类似项目的单价认定；

（3）变更导致实际完成的变更工程量与已标价工程量清单或预算书中列明的该项目工程量的变化幅度超过一定比例（如15%），或已标价工程量清单或预算书中无相同项目及类似项目单价的，按照合理的成本与利润构成的原则，由合同当事人商定或约定确定变更工作的单价。

2. 变更估价的程序

承包人应在收到变更指示后14天内，向监理人提交变更估价申请。监理人应在收到承包人提交的变更估价申请后7天内审查完毕并报送发包人；监理人对变更估价申请有异议，通知承包人修改后重新提交。发包人应在承包人提交变更估价申请后14天内审批完毕。

3. 变更引起的工期调整

因变更引起工期变化的，合同当事人均可要求调整合同工期，由合同当事人按照商定或确定约定并参考工程所在地的工期定额标准确定增减工期天数。

六、违约责任

可分为发包人违约和承包人违约两种不同情况。

（一）发包人的违约

1. 违约情况

（1）因发包人原因未能在计划开工日期前7天内下达开工通知的；

（2）因发包人原因未能按合同约定支付合同价款的；

（3）发包人自行实施被取消的工作或转由他人实施的；

（4）发包人提供的材料、工程设备的规格、数量或质量不符合合同约定，或因发包人原因导致交货日期延误或交货地点变更等情况的；

（5）因发包人违反合同约定造成暂停施工的；

（6）发包人无正当理由未在约定期限内发出复工指示，导致承包人无法复工的；

（7）发包人明确表示或者以其行为表明不履行合同主要义务的；

（8）发包人未能按照合同约定履行其他义务的。

发包人发生除上述第（7）项以外的违约情况时，承包人可向发包人发出通知，要求发包人采取有效措施纠正违约行为。发包人收到承包人通知后28天内仍不纠正违约行为的，承包人有权暂停相应部位工程施工，并通知监理人。

2. 发包人违约的责任

发包人应承担因其违约给承包人增加的费用和（或）延误的工期，并支付承包人合理的利润。此外，合同当事人可在专用合同条款中另行约定发包人违约责任的承担方式和计算方法。

3. 因发包人违约解除合同

除另有约定外，承包人按发包人违约的情形约定暂停施工满28天后，发包人仍不纠正其违约行为并致使合同目的不能实现的，或出现发包人违反第（7）项约定的违约情况，承包人有权解除合同，发包人应承担由此增加的费用，并支付承包人合理的利润。

（二）承包人的违约

1. 违约情况

（1）承包人违反合同约定进行转包或违法分包；

（2）承包人违反合同约定采购和使用不合格的材料和工程设备；

（3）因承包人原因导致工程质量不符合合同要求；

（4）承包人违反材料与设备专用要求的约定，未经批准，私自将已按照合同约定进入施工现场的材料或设备撤离施工现场；

（5）承包人未能按施工进度计划及时完成合同约定的工作，造成工期延误；

（6）承包人在缺陷责任期及保修期内，未能在合理期限对工程缺陷进行修复，或拒绝按发包人要求进行修复；

（7）承包人明确表示或者以其行为表明不履行合同主要义务；

（8）承包人未能按照合同约定履行其他义务。

承包人发生除第（7）项约定以外的其他违约情况时，监理人可向承包人发出整改通知，要求其在指定的期限内改正。

2. 承包人违约的责任

承包人应承担因其违约行为而增加的费用和（或）延误的工期。此外，合同当事人可在专用合同条款中另行约定承包人违约责任的承担方式和计算方法。

3. 因承包人违约解除合同

除专用合同条款另有约定外，出现承包人违反第（7）项约定的违约情况时，或监理人发出整改通知后，承包人在指定的合理期限内仍不纠正违约行为并致使合同目的不能实现的，发包人有权解除合同。合同解除后，因继续完成工程的需要，发包人有权使用承包人在施工现场的材料、设备、临时工程、承包人文件和由承包人或以其名义编制的其他文件，合同当事人应在专用合同条款中约定相应费用的承担方式。发包人继续使用的行为不免除或减轻承包人应承担的违约责任。

七、不可抗力

（一）不可抗力事件

不可抗力事件是指合同当事人在签订合同时不可预见，在合同履行过程中不可避免且不能克服的自然灾害和社会性突发事件，如地震、海啸、瘟疫、骚乱、戒严、暴动、战争或专用合同条款中约定的其他情形。

（二）不可抗力发生后的管理

1. 不可抗力的通知

合同一方当事人遇到不可抗力事件，使其履行合同义务受到阻碍时，应立即通知合同另一方当事人和监理人，书面说明不可抗力和受阻碍的详细情况，并提供必要的证明。

不可抗力持续发生的，合同一方当事人应及时向合同另一方当事人和监理人提交中间报告，说明不可抗力和履行合同受阻的情况，并于不可抗力事件结束后 28 天内提交最终报告及有关资料。

2. 不可抗力后果的承担

不可抗力导致的人员伤亡、财产损失、费用增加和（或）工期延误等后果，由合同当事人按以下原则承担：

（1）永久工程、已运至施工现场的材料和工程设备的损坏，以及因工程损坏造成的第三人人员伤亡和财产损失由发包人承担；

（2）承包人施工设备的损坏由承包人承担；

（3）发包人和承包人承担各自人员伤亡和财产的损失；

（4）因不可抗力影响承包人履行合同约定的义务，已经引起或将引起工期延误的，应当顺延工期，由此导致承包人停工的费用损失由发包人和承包人合理分担，停工期间必须支付的工人工资由发包人承担；

（5）因不可抗力引起或将引起工期延误，发包人要求赶工的，由此增加的赶工费用由发包人承担；

（6）承包人在停工期间按照发包人要求照管、清理和修复工程的费用由发包人承担。

不可抗力发生后，合同当事人均应采取措施尽量避免和减少损失的扩大，任何一方当事人没有采取有效措施导致损失扩大的，应对扩大的损失承担责任。

因合同一方迟延履行合同义务，在迟延履行期间遭遇不可抗力的，不免除其违约责任。

3. 因不可抗力解除合同

因不可抗力导致合同无法履行连续超过 84 天或累计超过 140 天的，发包人和承包人均有权解除合同。合同解除后，由双方当事人按照商定或确定的约定商定或确定发包人应支付的款项。

八、索赔管理

（一）承包人的索赔

1. 承包人提出索赔要求

根据合同约定，承包人认为有权得到追加付款和（或）延长工期的，应按以下程序向发包人提出索赔：

（1）承包人应在知道或应当知道索赔事件发生后28天内，向监理人递交索赔意向通知书，并说明发生索赔事件的事由；承包人未在前述28天内发出索赔意向通知书的，丧失要求追加付款和（或）延长工期的权利；

（2）承包人应在发出索赔意向通知书后28天内，向监理人正式递交索赔报告；索赔报告应详细说明索赔理由以及要求追加的付款金额和（或）延长的工期，并附必要的记录和证明材料；

（3）索赔事件具有持续影响的，承包人应按合理时间间隔继续递交延续索赔通知，说明持续影响的实际情况和记录，列出累计的追加付款金额和（或）工期延长天数；

（4）在索赔事件影响结束后28天内，承包人应向监理人递交最终索赔报告，说明最终要求索赔的追加付款金额和（或）延长的工期，并附必要的记录和证明材料。

2. 对承包人索赔的处理

（1）监理人应在收到索赔报告后14天内完成审查并报送发包人。监理人对索赔报告存在异议的，有权要求承包人提交全部原始记录副本；

（2）发包人应在监理人收到索赔报告或有关索赔的进一步证明材料后的28天内，由监理人向承包人出具经发包人签认的索赔处理结果。发包人逾期答复的，则视为认可承包人的索赔要求；

（3）承包人接受索赔处理结果的，索赔款项在当期进度款中进行支付；承包人不接受索赔处理结果的，按照争议解决约定处理。

（二）发包人的索赔

1. 发包人提出索赔

根据合同约定，发包人认为有权得到赔付金额和（或）延长缺陷责任期的，监理人应向承包人发出通知并附有详细的证明。

发包人应在知道或应当知道索赔事件发生后28天内通过监理人向承包人提出索赔意向通知书，发包人未在前述28天内发出索赔意向通知书的，丧失要求赔付金额和（或）延长缺陷责任期的权利。发包人应在发出索赔意向通知书后28天内，通过监理人向承包人正式递交索赔报告。

2. 对发包人索赔的处理

（1）承包人收到发包人提交的索赔报告后，应及时审查索赔报告的内容、查验发包人证明材料；

（2）承包人应在收到索赔报告或有关索赔的进一步证明材料后28天内，将索赔处理结果答复发包人。如果承包人未在上述期限内作出答复的，则视为对发包人索赔要求的认可；

（3）承包人接受索赔处理结果的，发包人可从应支付给承包人的合同价款中扣除赔付的金额或延长缺陷责任期，发包人不接受索赔处理结果的，按争议解决约定处理。

（三）提出索赔的期限

（1）承包人按竣工结算审核约定接收竣工付款证书后，应被视为已无权再提出在工程接收证书颁发前所发生的任何索赔。

（2）承包人按最终结清提交的最终结清申请单中，只限于提出工程接收证书颁发后发生的索赔。提出索赔的期限自接受最终结清证书时终止。

第六节　竣工收尾阶段合同管理

慎终如始，则无败事。本节将主要根据建设工程施工合同示范文本，从竣工验收及竣工结算、缺陷责任期管理、最终结清等方面梳理阐述施工项目收尾阶段的相关工作内容及各方义务和职责。

一、竣工验收管理

（一）工程的竣工验收

1. 竣工验收条件

当工程具备以下条件时，承包人可申请竣工验收：

（1）除发包人同意的甩项工作和缺陷修补工作外，合同范围内的全部工程以及有关工作，包括合同要求的试验、试运行以及检验均已完成，并符合合同要求；

（2）已按合同约定编制了甩项工作和缺陷修补工作清单以及相应的施工计划；

（3）已按合同约定的内容和份数备齐竣工资料。

2. 竣工验收程序

承包人申请竣工验收一般可按照以下程序进行：

（1）承包人向监理人报送竣工验收申请报告，监理人应在收到竣工验收申请报告后14天内完成审查并报送发包人。监理人审查后认为尚不具备验收条件的，应通知承包人在竣工验收前承包人还需完成的工作内容，承包人应在完成监理人通知的全部工作内容后，再次提交竣工验收申请报告。

（2）监理人审查后认为已具备竣工验收条件的，应将竣工验收申请报告提交发包人，发包人应在收到经监理人审核的竣工验收申请报告后28天内审批完毕并组织监理人、承包人、设计人等相关单位完成竣工验收。

（3）竣工验收合格的，发包人应在验收合格后14天内向承包人签发工程接收证书。发包人无正当理由逾期不颁发工程接收证书的，自验收合格后第15天起视为已颁发工程接收证书。

（4）竣工验收不合格的，监理人应按照验收意见发出指示，要求承包人对不合格工程返工、修复或采取其他补救措施，由此增加的费用和（或）延误的工期由承包人承担。承包人在完成不合格工程的返工、修复或采取其他补救措施后，应重新提交竣工验收申请报告，并按本项约定的程序重新进行验收。

（5）工程未经验收或验收不合格，发包人擅自使用的，应在转移占有工程后7天内向承包人颁发工程接收证书；发包人无正当理由逾期不颁发工程接收证书的，自转移占有后第15天起视为已颁发工程接收证书。

除专用合同条款另有约定外，发包人不按照本项约定组织竣工验收、颁发工程接收证书的，每逾期一天，应以签约合同价为基数，按照银行同期同类贷款基准利率支付违约金。

3. 竣工日期

工程经竣工验收合格的，以承包人提交竣工验收申请报告之日为实际竣工日期，并在工程接收证书中载明；因发包人原因，未在监理人收到承包人提交的竣工验收申请报告42天内完成竣工验收，或完成竣工验收不予签发工程接收证书的，以提交竣工验收申请报告的日期为实际竣工日期；工程未经竣工验收，发包人擅自使用的，以转移占有工程之日为实际竣工日期。

4. 拒绝接收全部或部分工程

对于竣工验收不合格的工程，承包人完成整改后，应当重新进行竣工验收，经重新组织验收仍不合格的且无法采取措施补救的，则发包人可以拒绝接收不合格工程，因不合格工程导致其他工程不能正常使用的，承包人应采取措施确保相关工程的正常使用，由此增加的费用和（或）延误的工期由承包人承担。

5. 移交、接收全部与部分工程

除专用合同条款另有约定外，合同当事人应当在颁发工程接收证书后7天内完成工程的移交。

发包人无正当理由不接收工程的，发包人自应当接收工程之日起，承担工程照管、成品保护、保管等与工程有关的各项费用，合同当事人可以约定发包人逾期接收工程的违约责任。

承包人无正当理由不移交工程的，承包人应承担工程照管、成品保护、保管等与工程有关的各项费用，合同当事人可以约定承包人无正当理由不移交工程的违约责任。

（二）竣工结算

1. 竣工结算申请

承包人应在工程竣工验收合格后28天内向发包人和监理人提交竣工结算申请单，并提交完整的结算资料，有关竣工结算申请单的资料清单和份数等要求由合同当事人在合同中约定。

竣工结算申请单应包括以下内容：

（1）竣工结算合同价格；

（2）发包人已支付承包人的款项；

（3）应扣留的质量保证金，已缴纳履约保证金的或提供其他工程质量担保方式的除外；

（4）发包人应支付承包人的合同价款。

2. 竣工结算审核

（1）监理人应在收到竣工结算申请单后14天内完成核查并报送发包人。发包人应在收到监理人提交的经审核的竣工结算申请单后14天内完成审批，并由监理人向承包人签发经发包人签认的竣工付款证书。监理人或发包人对竣工结算申请单有异议的，有权要求承包人进行修正和提供补充资料，承包人应提交修正后的竣工结算申请单。

发包人在收到承包人提交竣工结算申请书后28天内未完成审批且未提出异议的，视为发包人认可承包人提交的竣工结算申请单，并自发包人收到承包人提交的竣工结算申请单后第29天起视为已签发竣工付款证书。

（2）发包人应在签发竣工付款证书后14天内，完成对承包人的竣工付款。发包人逾期支付的，按照银行同期同类贷款基准利率支付违约金；逾期支付超过56天的，按照同期同类贷款基准利率的两倍支付违约金。

（3）承包人对发包人签认的竣工付款证书有异议的，对于有异议部分应在收到发包人签认的竣工付款证书后7天内提出异议，并由合同当事人按照专用合同条款约定的方式和程序进行复核，或按照争议解决约定处理。对于无异议部分，发包人应签发临时竣工付款证书并完成付款。

3. 甩项竣工协议

发包人要求甩项竣工的，合同当事人应签订甩项竣工协议。在甩项竣工协议中应明确，合同当事人按照竣工结算申请及竣工结算审核的约定，对已完合格工程进行结算，并支付相应合同价款。

（三）竣工退场

颁发工程接收证书后，承包人应按以下要求对施工现场进行清理：

（1）施工现场内残留的垃圾已全部清除出场；

（2）临时工程已拆除，场地已进行清理、平整或复原；

（3）按合同约定应撤离的人员、承包人施工设备和剩余的材料，包括废弃的施工设备和材料，已按计划撤离施工现场；

（4）施工现场周边及其附近道路、河道的施工堆积物，已全部清理；

（5）施工现场其他场地清理工作已全部完成。

承包人应按发包人要求恢复临时占地及清理场地，承包人未按发包人的要求恢复临时占地，或者场地清理未达到合同约定要求的，发包人有权委托其他人恢复或清理，所发生的费用由承包人承担。

二、缺陷责任期管理

（一）缺陷责任

缺陷责任期自实际竣工日期起计算。在缺陷责任期内，由承包人原因造成的缺陷，承包人应负责维修，并承担鉴定及维修费用。如承包人不维修也不承担费用，发包人可按合同约定从保证金或银行保函中扣除，费用超出保证金额的，发包人可按合同约定向承包人进行索赔。承包人维修并承担相应费用后，不免除对工程的损失赔偿责任。发包人有权要求承包人延长缺陷责任期，并应在原缺陷责任期届满前发出延长通知，但缺陷责任期（含延长部分）最长不能超过 24 个月。

由他人原因造成的缺陷，发包人负责组织维修，承包人不承担费用，且发包人不得从保证金中扣除费用。

任何一项缺陷或损坏修复后，经检查证明其影响了工程或工程设备的使用性能，承包人应重新进行合同约定的试验和试运行，试验和试运行的全部费用应由责任方承担。

（二）颁发缺陷责任终止证书

除另有约定外，承包人应于缺陷责任期届满后 7 天内向发包人发出缺陷责任期届满通知，发包人应在收到缺陷责任期满通知后 14 天内核实承包人是否履行缺陷修复义务，承包人未能履行缺陷修复义务的，发包人有权扣除相应金额的维修费用。发包人应在收到缺陷责任期届满通知后 14 天内，向承包人颁发缺陷责任期终止证书。

三、最终结清

（一）最终结清申请单

承包人应在缺陷责任期终止证书颁发后 7 天内，按合同约定的份数向发包人提交最终结清申请单，并提供相关证明材料。最终结清申请单应列明质量保证金、应扣除的质量保证金、缺陷责任期内发生的增减费用。

（二）最终结清证书

发包人应在收到承包人提交的最终结清申请单后 14 天内完成审批并向承包人颁发最终结清证书。发包人逾期未完成审批，又未提出修改意见的，视为发包人同意承包人提交的最终结清申请单，且自发包人收到承包人提交的最终结清申请单后 15 天起视为已颁发最终结清证书。

（三）最终结清支付

发包人应在颁发最终结清证书后 7 天内完成支付。发包人逾期支付的，按照银行同期同类贷款基准利率支付违约金；逾期支付超过 56 天的，按照银行同期同类贷款基准利率的两倍支付违约金。

【**小资料**】某工程项目承包合同中规定的健康安全管理激励计划，如表 8-1 所示。

表 8-1　某工程项目承包合同中规定的健康安全管理激励计划

HSE INCENTIVE SCHEME HSE 激励计划				
Criteria 类别：				
LTI（Lost Time Incident） 损失工时的事故	Any injury incident that results in the employee not being able to return to work on his next workday. These injury incidents will be tracked and totalled until the employee returns to work. 导致员工在第二个工作日无法返回工作岗位的任何人身伤害事故。此类人身伤害事故将被追踪并计算总数，直至员工返回工作岗位。			
FI （Fatal Incident） 致命事故	Any injury incident that results in a permanent disability or the death for the employee. 导致员工永久性残疾或死亡的任何人身伤害事故			
Achieved Safety Manhour 达到的安全工时	Definition of the Achievement 奖励标准	Bonus （RMB） 奖金（人民币）	Definition of the Achievement 罚款标准	Penalties（RMB） 罚款（人民币）
1 000 000	LTI 总计 = 0	500 000	LTI 总计 > 2	100 000
2 000 000	LTI 总计≤ 1	1 000 000	LTI 总计 > 4	500 000
3 000 000	LTI 总计≤ 1	1 500 000	LTI 总计 > 6	1 000 000
4 000 000 直至项目竣工	LTI 总计≤ 2	2 000 000	LTI 总计 > 8	1 500 000
至项目竣工	FI 总计≥ 1	取消一切奖金	FI 总计≥ 1	2 000 000

【思考与练习】

1. 对比分析建设工程施工单价合同、总价合同和成本补偿合同的特点和适用条件。
2. 谈谈建设工程施工合同文件的组成及其优先解释的顺序。

3. 施工合同中调价条款对双方有何影响和意义？如何使用调价公式？
4. 订立建设工程施工合同时需明确哪些保险责任？
5. 引起合同价格调整的原因有哪些？如何进行相应调整？
6. 何为不可抗力？不可抗力的后果应如何承担？
7. 试述承包人申请工程竣工验收的条件和程序。
8. 在工程移交工作中可能发生哪些情形？应如何处置？
9. 缺陷责任期的起算和延长是如何规定的？承包人如何承担缺陷责任？
10. 发包人和承包人如何开展最终结清工作？
11. 试对建设工程施工合同中发包人和承包人的风险进行识别分析。
12. 谈谈你对图 8-1 所示业主承包商利益驱动力模型的理解和分析。

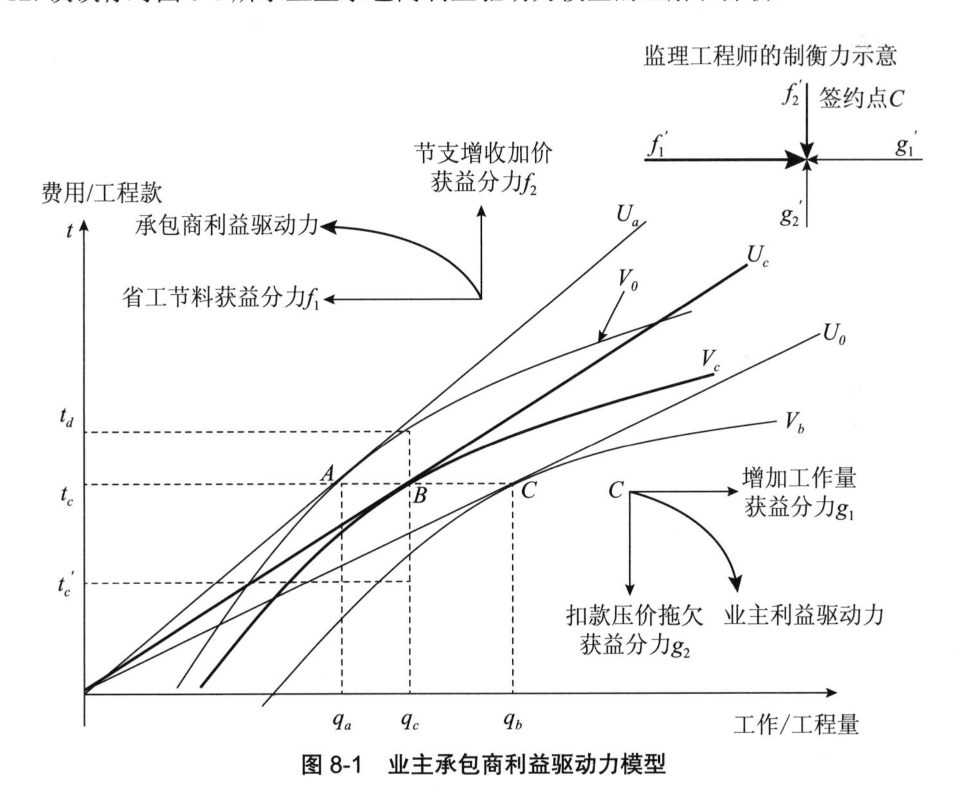

图 8-1　业主承包商利益驱动力模型

【在线测试题】

扫码书背面的二维码，获取答题权限。

第九章

工程总承包与分包及物资采购合同管理

学习目标

本章要求熟悉建设工程总承包（EPC）模式的特点。掌握建设项目工程总承包合同示范文本的基本内容，发包人的义务和权利，总承包单位的义务和责任，进度计划、技术与设计、工程物资、施工等主要条款。熟悉施工专业分包合同组成，施工专业分包人的责任和义务，掌握承包人、发包人、监理人对施工专业分包的管理。了解建设工程施工劳务分包中承包人和劳务分包人的义务，熟悉保险、劳务报酬及工程量计算条款。熟悉建设工程建筑材料采购合同及标的、质量、数量、包装、交付方式、交货时间、验收和结算条款。熟悉建设工程设备采购合同和设备及附件数量、技术标准、设备价格、支付、现场服务、验收和保修条款。

第一节　建设工程总承包合同管理

一、建设工程总承包模式概述

建设工程总承包，又称 EPC（engineering － procurement － construction），即设计－采购－施工总承包模式，也称作“交钥匙”模式，指业主只选定一个总承包商，由总承包商根据合同要求，承担建设项目的设计、采购、施工及试运行，并交付工程的项目管理模式。

EPC 作为国内外承包大型复杂工程建设项目的常见模式，由承包商按约定的工期、报价和质量完成工程建设，向业主交付一个建成完好的工程设施并保证正常运行，用户只需转动一把开启钥匙就可以将该设施投入使用。EPC 模式有助于在项目管理实践中将设计、采购与施工工作进行搭接协调，使业主和承包商更好地实现资源配置和综合效益并取得多赢局面。EPC 与传统工程项目管理模式的对比如表 9-1 所示。

表 9-1　EPC 与传统工程项目管理模式的对比

类别	设计—招标—施工	平行发包	施工总承包	EPC
适用条件	适用于设计及时、工作范围明确的项目	适用于工期要求紧，分包任务明确、工作量大的项目	适用于建设周期长，目标明确、投资确定的项目	适用于投资规模大、工期长、技术复杂、不确定强的工程。业主不需确定工程量，可在工程设计完成前就开始招标
组织协调	传统模式经验多、通用性强，合同文本成熟，业主协调管理周期长、工作量大	对业主能力要求高，招标工作量大，合同多，业主的责任和义务多，协调复杂工作量大，管理成本高	业主只需进行一次施工招标，签订一份施工总包合同，业主工作量小，管理成本低	业主对项目的控制力低，业主工作量小、项目管理机构规模小、投入人力少，有效避免设计、采购和施工的矛盾。总承包商承担绝大多数工作，对总包商全面管理和协调能力要求高，因此需谨慎选择

续表

类别	设计—招标—施工	平行发包	施工总承包	EPC
质量控制	业主可控制设计要求，设计单位与承包商之间对质量问题责任不明确	业主可以选择细分专业能力强的施工单位。合同交互界面较多，双方责任不明确。能通过他方控制暴露质量问题	项目施工质量很大程度上取决于承包商，业主对施工总包依赖大；设计和施工易出现责任推诿	EPC总承包商对设计、采购、施工和分包全面负责，质量责任明确，总承包商质量控制工作复杂、难度大。总承包商的经验及水平对整个项目质量和效益的影响大
费用控制	设计变更频繁，总造价不易控制。业主前期投入较高。业主承担部分风险	对业主而言总合同价不易确定，需控制多项合同价格，不利于早期投资控制。对承包商而言竞标激烈、利润不高	招标以施工图为依据，报价可靠，对早期投资控制有利。若施工过程中发生设计变更，可能发生索赔	EPC对总承包商的成本管理水平要求高，符合条件的承包商少。预招投标阶段的费用高，设计和施工均由承包商承担，签订总价合同，业主项目运作费用低，承包商风险大但同时也有更大获利空间
进度控制	项目必须按照“设计—招标—建造”的顺序进行，不能将设计与施工阶段搭接，项目周期长	设计和施工任务经过分解分别发包，能形成搭接关系，开工日期可提前，缩短建设周期。需多次招标，业主用于招标的时间较多	设计图纸全部完成后才能进行施工总包的招标，不能实现边设计边施工，而且施工招标需要的时间也较长	便于项目各阶段工作相互搭接、高效配合，工程设计、采购、施工、调试工作可紧密衔接。有利于激励优化设计，并通过设计与施工、采购工作合理搭接配合，缩短施工和采购周期；通过总承包负责制减少推诿现象

二、建设工程总承包合同的基本内容

本章将主要根据住房和城乡建设部、国家工商行政管理总局联合制定的《建设项目工程总承包合同示范文本（试行）》（GF-2011-0216），进行合同管理的梳理分析。

（一）工作范围和功能要求

对于工程总承包合同，工作范围和功能要求是合同管理的重要基础。

首先，应该明确工作范围。一般，工程总承包合同涵盖勘察设计、设备采购、施工、试运行等内容，从时间跨度上，贯穿从工程立项到交付使用的项目建设全过程。

其次，应将业主对工程项目的各种功能要求在工程总承包合同中表述清楚，以便承包人（总承包商）据此开展设计、采购和施工工作。

一般，工作范围和功能要求可从如下方面加以具体约定和规定，使之成为开展工程总承包的重要依据：

（1）业主对项目功能的要求；

（2）业主提供的部分设计图纸；

（3）业主自行采购设备清单及采购界面；

（4）业主采用的工程技术标准和各种工程技术要求；

（5）工程所在地有关工程建设的国家标准、地方标准或行业标准等。

（二）发包人的义务和权利

在建设项目工程总承包合同中，通常发包人具有的主要权利和义务如下：

（1）负责办理项目的审批、核准或备案手续，取得项目用地的使用权，完成拆迁补偿工作，使项目具备法律规定和合同约定的开工条件，并提供立项文件。

（2）履行合同中约定的合同价格调整、付款、竣工结算义务。

（3）有权按照合同约定和适用法律关于安全、质量、标准、环境保护和职业健康等强制性标准和规范的规定，对承包人的设计、采购、施工、竣工试验等实施工作提出建议、修改和变更，但不得违反国家强制性标准、规范的规定。

（4）有权根据合同约定，对因承包人原因给发包人带来的任何损失和损害提出赔偿。

（5）发包人认为必要时，有权以书面形式发出暂停通知。其中，因发包人原因造成的暂停，给承包人造成的费用增加，由发包人承担，造成工程关键路径延误的，竣工日期相应顺延。

（三）项目总承包单位的义务和责任

在建设项目工程总承包合同中，通常承包人（总承包商）具有的主要权利和义务如下：

（1）承包人应按照合同约定的标准、规范、工程的功能、规模、考核目标和竣工日期，完成设计、采购、施工、竣工试验和（或）指导竣工后试验等工作，不得违反国家强制性标准、规范的规定。

（2）承包人应按合同约定，自费修复因承包人原因引起的设计、文件、设备、材料、部件、施工存在的缺陷，或在竣工试验和竣工后试验中发现的缺陷。

（3）承包人应按合同约定和发包人的要求，提交相关报表。

（4）承包人有权根据合同中关于承包人的复工要求、付款时间延误和不可抗力的约定，以书面形式向发包人发出暂停通知。除此之外，凡因承包人原因的暂停，造成承包人的费用增加由其自负，造成关键路径延误的应自费赶上。

（5）对因发包人原因给承包人带来任何损失、损害或造成工程关键路径延误的，承包人有权要求赔偿和（或）延长竣工日期。

（四）进度计划管理

1. 项目进度计划及其调整

承包人负责编制项目进度计划，项目进度计划中的施工期限（含竣工试验）应符合合同协议书的约定。项目进度计划经发包人批准后实施，但发包人的批准并不能减轻或免除承包人的合同责任。

一般出现下列情况时竣工日期相应顺延，并对项目进度计划进行调整：

（1）发包人根据合同约定提供的项目基础资料和现场障碍资料不真实、不准确、不齐全、不及时，或未能按合同约定的付款额和付款时间付款，导致约定的设计开工日期延误，或采购开始日期延误，或造成施工开工日期延误。

（2）根据合同约定，因发包人原因，导致某个设计阶段审核会议时间的延误。

（3）根据合同约定，相关设计审查部门批准时间较合同约定的时间延长。

（4）根据合同约定的其他延长竣工日期的情况。

2. 设计、采购、施工进度计划

（1）设计进度计划。承包人根据批准的项目进度计划和合同约定的设计审查阶段及发包人组织的设计阶段审查会议的时间安排，编制设计进度计划。设计进度计划经发包人认可后执行。

（2）采购进度计划。承包人的采购进度计划应符合项目进度计划的时间安排，并与设计、施工、和（或）竣工试验及竣工后试验的进度计划相衔接。

（3）施工进度计划。承包人应在现场施工开工 15 日前向发包人提交包括施工进度计划在内的总体施工组织设计。施工进度计划的开竣工时间，应符合合同协议书对施工开工和工程竣工日期的约定，并与项目进度计划的安排协调一致。

（五）技术与设计

1. 承包人提供的工艺技术和（或）建筑设计方案

承包人负责提供生产工艺技术（含专利技术、专有技术、工艺包）和（或）建筑设计方案（含总体布局、功能分区、建筑造型和主体结构等）时，应对所提供的工艺流程、工艺技术数据、工艺条件、软件、分析手册、操作指导书、设备制造指导书和其他资料要求，和（或）总体布局、功能分区、建筑造型及其结构设计等负责。

承包人应对约定的试运行考核保证值、和（或）使用功能保证的说明负责。

2. 发包人在设计工作中的义务

（1）提供项目基础资料。发包人应按合同约定、法律或行业规定，向承包人提供设计需要的项目基础资料，并对其真实性、准确性、齐全性和及时性负责。

（2）提供现场障碍资料。发包人应按合同约定和适用法律规定，在设计开始前，提供与设计、施工有关的地上、地下已有的建筑物、构筑物等现场障碍资料，并对其真实性、准确性、齐全性和及时性负责。

（3）承包人无法核实发包人所提供的项目基础资料中的数据、条件和资料的，发包人有义务给予进一步确认。

3. 承包人在设计工作中的义务

承包人有义务按照发包人提供的项目基础资料、现场障碍资料和国家有关部门、行业工程建设标准规范规定的设计深度开展工程设计，并对其设计的工艺技术和（或）建筑功能，及工程的安全、环境保护、职业健康的标准，设备材料的质量、工程质量和完成时间负责。

因承包人原因，造成设计文件存在遗漏、错误、缺陷和不足的，承包人应自费修复、弥补、纠正和完善。造成设计进度延误时，应自费采取措施赶上。

承包人应根据约定，向发包人提交相关设审查阶段的设计文件，设计文件应符合国家有关部门、行业工程建设标准规范对相关设计阶段的设计文件、图纸和资料的深度规定。承包人有义务自费参加发包人组织的设计审查会议、向审查者介绍、解答、解释其设计文件，并自费提供审查过程中需提供的补充资料。

承包人有义务按相关设计审查阶段发包人批准的文件和纪要，并依据合同约定及相关设计规定，对相关设计进行修改、补充和完善。

（六）工程物资

1. 发包人提供的工程物资

发包人依据设计文件规定的技术参数、技术条件、性能要求、使用要求和数量，负责组织工程物资的采购，负责运抵现场，并对其需用量、质量检查结果和性能负责。

2. 工程物资所有权

承包人根据合同约定提供的工程物资，在运抵现场的交货地点并支付了采购进度款，其所有权转为发包人所有。在发包人接收工程前，承包人有义务对工程物资进行保管、维护和保养，未经发包人批准不得运出现场。

（七）施工

1. 发包人的义务

（1）提供基础资料及进场条件。发包人应提供基准坐标资料；提供进场条件和确定进场日期；提供施工场地、完成进场道路、用地许可、拆迁及补偿等工作，保证承包人能够按时进入现场开始准备工作。提供临时用水、用电和节点铺设。

（2）办理开工等批准手续。发包人在开工日期前，办妥须要由发包人办理的开工批准或施工许可证、工程质量监督手续及其他所需的许可、证件和批文等。办理施工过程中须由发包人办理的批准。

（3）处理施工障碍。发包人应联系、协调、处理施工场地周围及临近的影响工程实施的建筑物、构筑物、文物建筑、古树、名木、地下管线、线缆、设施以及地下文物、化石和坟墓等的保护工作，并承担相关费用。

（4）审查确认承包人计划。发包人应及时审查承包人制定的总体施工组织设计和职业健康、安全、环境保护管理计划。

2. 承包人的义务

（1）做好施工准备工作。承包人应做好如下工作：放线；施工组织设计；提交临时占地资料；临时用水、用电等；通知并协助发包人向有关部门办理须由发包人办理的开工批准或施工许可证、工程质量监督手续及其他许可、证件、批件等。

（2）施工过程中需通知办理的批准。承包人在施工过程中因增加场外临时用地，临时要求停水、停电、中断道路交通，爆破作业，或可能损坏道路、管线、电力、邮电、通信等公共设施的，应提前通知发包人办理相关申请批准手续，并按发包人的要求，提供需要承包人提供的相关文件、资料、证件等。

【**小资料**】某 EPC 工程项目总承包商风险因素清单，如表 9-2 所示。

表 9-2　某 EPC 工程项目总承包商风险因素清单

<table>
<tr><th>分 类</th><th>风险因素</th><th>分 类</th><th>风险因素</th></tr>
<tr><td>合同报价及费用</td><td>➢ 工程范围不清
➢ 建设标准技术要求不明确
➢ 合同发生变更
➢ 合同价格不予调整
➢ 工程成本增加
➢ 错过费用索赔时限
➢ 税费的变化
➢ 汇率发生变化</td><td>确定工程量及工程现场</td><td>➢ 业主的要求不明确
➢ 业主提供的现场数据不准确
➢ 现场环境和地质风险大
➢ 前期勘察工作不足
➢ 不可预见困难的发生
➢ 进场道路条件差
➢ 发生放线错误</td></tr>
<tr><td>保证质量</td><td>➢ 业主的设计意图不明确
➢ 业主对设计要求过高
➢ 大量修改设计图纸
➢ 施工质量不合格
➢ 分包商工作质量不合格
➢ 供货商货物不符合要求
➢ 质量验收不合格
➢ 未通过竣工试验
➢ 试运行达不到要求
➢ 发生需修补的缺陷</td><td>保证工期</td><td>➢ 工程不能及时开工
➢ 进度计划编制失误
➢ 发生外界风险
➢ 不可抗力的发生
➢ 分包商拖延工期
➢ 供货商拖延供货
➢ 业主付款不及时
➢ 工期索赔超过时限
➢ 竣工试验延误
➢ 发生误期损害赔偿</td></tr>
<tr><td rowspan="2">安全环境保障</td><td rowspan="2">➢ 发生现场人员安全事件
➢ 发生工程、货物的损害
➢ 环保要求导致费用增大
➢ 环保措施不力
➢ 工程保险办理不及时
➢ 工程保险覆盖不全或未及时续期</td><td>告知义务</td><td>➢ 进度报告不及时
➢ 未遵守隐蔽工程覆盖前应通知检验的要求
➢ 发生特殊情况未及时告知</td></tr>
<tr><td>工程保函</td><td>➢ 履约保函问题
➢ 预付款保函问题
➢ 质保金保函问题</td></tr>
</table>

第二节　分包合同管理

采用分包模式是工程项目建设中的常用模式，包括设计分包、施工分包、材料设备供应的供货分包等。例如，承包人（总承包单位）可将某些专业性强、自己的施工能力或人力资源不足的工程施工进行施工专业分包或劳务分包。本节以施工专业分包和劳务分包合同为例进行分析。

一、施工专业分包合同管理

（一）概述

施工专业分包是指施工总承包企业将其所承包工程中的专业工程发包给具有相应资质的其他建筑企业，即专业分包工程承包人完成的活动。

施工专业分包中的发包人是指在总包合同中约定的具有工程发包主体资格和支付工程价款能力的当事人；承包人是指被发包人接受的具有工程施工总承包主体资格的当事人；分包人是指在分包合同中约定被承包人接受的具有分包该工程资格的当事人。分包合同是承包人和分包人之间签订的施工专业分包合同。

组成建设工程施工专业分包合同的文件通常包括：

（1）合同协议书；

（2）中标通知书；

（3）分包人的报价书；

（4）除总包合同工程价款之外的总包合同文件；

（5）合同专用条款；

（6）合同通用条款；

（7）合同工程建设标准、图纸及有关技术文件；

（8）合同履行过程中，承包人和分包人协商一致的其他书面文件。

（二）承包人对施工专业分包的管理

承包人（总承包单位）作为总承包合同和分包合同的当事人，不仅对发包人承担按总承包合同要求实现预期目标的义务，而且对分包工程的实施负有全面管理责任。

通常，为了能让分包人合理预见分包工程施工中应承担的风险，以及保证分包工程的施工能够满足总承包合同的要求，承包人应让分包人充分了解总承包合同中除了合同价格以外的各项规定，使分包人履行并承担与分包工程有关的承包人的所有义务与责任。

在分包合同中应约定，承包人需向分包人提供施工场地应具备的条件、施工场地的范围和提供时间，确保分包工程的施工所要求的施工场地和通道等，满足施工运输的需要，保证施工期间的畅通。

还应约定，承包人派驻施工现场的项目管理和技术人员应对分包人的施工进行监督、管理和协调，主要工作包括：承包人应依据合同向分包人提供工程设计图纸，召集分包人参加发包人组织的图纸会审，向分包人进行设计图纸交底；审查分包工程进度计划、分包人的质量保证体系；对分包人的施工工艺和工程质量进行监督等；负责整个施工场地的管理工作，协调分包人与同一施工场地的其他分包人之间的交叉配合，确保分包人按照经批准的施工组织设计进行施工，及时向分包人提供所需的指令、批准等。

（三）发包人、监理人对施工分包的管理

发包人虽然不是分包合同的当事人，与分包人没有直接的合同关系，但作为工程项目的建设单位，具有对分包的批准权，体现在是否接受承包人投标书内提出的分包计划，是否同意承包人在施工过程中对某项施工任务采取分包。

分包工程作为总承包合同的一部分，监理人根据委托监理合同需对其履行监管义务，包括对分包人的资质进行审查；对分包人使用的材料、施工工艺、工程质量进行监督；确认完成的工程量等。

（四）施工专业分包人的主要责任和义务

分包人应履行并承担总包合同中与分包工程有关的承包人的所有义务与责任，同时应避免因分包人自身行为或疏漏造成承包人违反总包合同中约定的承包人义务的情况发生。就分包工程范围内的所有工作，承包人随时可以向分包人发出指令，分包人应执行承包人根据分包合同所发出的所有指令。分包人应允许承包人、发包人、工程师及其三方中任何一方授权的人员在工作时间内，合理进入分包工程施工场地或材料存放的地点，以及施工场地以外与分包合同有关的分包人的任何工作或准备的地点，分包人应提供方便。

分包人的工作主要包括：向承包人提交详细的施工组织设计，提供年、季、月度工程进度计划及相应进度统计报表；根据分包合同约定，对分包工程进行设计（分包合同有约定时）、施工、竣工和保修；遵守政府有关主管部门对施工场地交通、施工噪声，以及环境保护和安全文明生产等的管理规定；已竣工工程未交付承包人之前，分包人应负责已完分包工程的成品保护工作等。

二、劳务分包合同管理

（一）概述

劳务分包是工程施工分包的一种常见形式，劳务分包是指施工单位或者专业分包单位（均可作为劳务作业的发包人)将其承包工程的劳务作业发包给劳务分包单位完成的活动。建筑业劳务分包企业可分为 13 个作业类别：木工、砌筑、抹灰、石制作、油漆、钢筋、混凝土、脚手架、模板、焊接、水电暖安装、钣金、架线作业。

建设工程施工劳务分包合同的条款主要有：

（1）劳务分包人资质情况；

（2）劳务分包工作对象及提供劳务内容；

（3）分包工作期限；

（4）质量标准；

（5）工程承包人义务；

（6）劳务分包人义务；

（7）材料、设备供应；

（8）保险；

（9）劳务报酬及支付；

（10）工时及工程量的确认；

（11）施工配合；

（12）禁止转包或再分包等。

（二）承包人的主要义务

通常，在劳务分包合同中应规定承包人承担如下主要义务：

（1）组建项目管理班子，全面履行总（分）包合同，组织实施项目管理的各项工作，对工程的工期和质量向发包人负责。负责与发包人、监理、设计及有关部门联系，协调现场工作关系。

（2）完成劳务分包人施工前期的下列工作：①向劳务分包人交付具备本合同项下劳务作业开工条件的施工场地；②满足劳务作业所需的能源供应、通信及施工道路畅通；③向劳务分包人提供相应的工程资料；④向劳务分包人提供生产、生活临时设施。

（3）负责编制施工组织设计，统一制定各项管理目标，组织编制年、季、月施工计划和物资需用量计划表，实施对工程质量、工期、安全生产、文明施工、计量检测、实验化验的控制、监督、检查和验收。

（4）负责工程测量定位、沉降观测、技术交底，组织图纸会审，统一安排技术档案资料的收集整理及交工验收。

（5）按时提供图纸，及时交付材料、设备，所提供的施工机械设备、周转材料、安全设施保证施工需要。

（6）按合同约定，向劳务分包人支付劳动报酬。

（三）劳务分包人的主要义务

在劳务分包合同中应规定劳务分包人承担如下主要义务：

（1）对劳务分包范围内的工程质量向承包人负责，组织具有相应资格证书的熟练工人投入工作。

（2）严格按照设计图纸、施工验收规范、有关技术要求及施工组织设计精心组织施工，确保工程质量达到约定的标准。内容如下：

①科学安排作业计划，投入足够的人力、物力，保证工期；②加强安全教育，认真执行安全技术规范，严格遵守安全制度，落实安全措施，确保施工安全；③加强现场管理，严格执行建设主管部门及环保、消防、环卫等有关部门对施工现场的管理规定，做到文明施工；④承担由于自身责任造成的质量修改、返工、工期拖延、安全事故、现场脏乱造成的损失及各种罚款。

（3）自觉接受承包人及有关部门的管理、监督和检查；接受承包人随时检查其设备、材料保管、使用情况及其操作人员的有效证件、持证上岗情况；与现场其他单位协调配合，照顾全局；服从承包人转发的发包人及工程师的指令。

（4）对其作业内容的实施、完工负责，应承担并履行总（分）包合同约定的、与劳务作业有关的所有义务及工作程序。

（5）劳务分包人不得将合同项下的劳务作业转包或再分包给他人。

（四）保险

（1）劳务分包人施工开始前，承包人应获得发包人为施工场地内的自由人员及第三人员生命财产办理的保险，且不需劳务分包人支付保险费用。

（2）运至施工场地用于劳务施工的材料和待安装设备，由承包人办理或获得保险，且不需劳务分包人支付保险费用。承包人还必须为租赁或提供给劳务分包人使用的施工机械设备办理保险，并支付保险费用。

（3）劳务分包人必须为从事危险作业的职工办理意外伤害保险，并为施工场地内自有人员生命财产和施工机械设备办理保险，支付保险费用。

（五）劳务报酬及工程量计算

劳务报酬及工程量的确认可以选择以下方式：

（1）采用固定劳务报酬（含管理费），施工过程中不计算工时和工程量。

（2）约定不同工种劳务的计时单价（含管理费），采用按确定的工时计算劳务报酬，由劳务分包人每日将提供劳务人数报承包人，由承包人确认。

（3）约定不同工作成果的计件单价（含管理费），采用按确认的工程量计算劳务报酬，由劳务分包人按月（或旬、日）将完成的工程量报承包人，由承包人确认。

在合同中还可约定如下可以调整固定劳务报酬或单价的情形：

①以合同约定价格为基准，当市场人工价格的变化幅度超过一定百分比时，按变化前后价格的差额予以调整；②后续法律及政策变化，导致劳务价格变化的，按变化前后价格的差额予以调整；③双方约定的其他情形。

第三节　建设工程物资采购合同管理

一、建设工程建筑材料采购合同管理

（一）概述

在工程建设过程中，要进行建筑材料、机具、设备等物资的采购工作，涵盖招标（询价）、订货、生产加工、运输、储存、安装、测试等多个环节，需通过签订不同内容、不同形式的建筑材料采购合同和设备采购合同得以实现。

根据不同情况，建设工程物资采购合同的买受人即采购人，既可以是发包人，也可以是承包人。

一般，施工使用的建筑材料可采取如下采购模式：

（1）由发包人负责采购供应；

（2）由承包人负责采购，采取包工包料承包方式；

（3）大宗建筑材料由发包人负责采购供应，当地材料和数量较少的材料由承包人负责采购。

不同的物资采购合同，条款规定内容和繁简程度差异较大。例如，对于建筑材料采购合同，多注重物资交货阶段，在交接程序、检验方式、质量要求和合同价款支付等方面的合同条款要求严格。

（二）标的和质量

在建筑材料采购合同中，首先应明确采购的对象，即标的物，标的物应按照行业主管部门颁布的产品规定进行正确填写，不要用习惯名称或自行命名，以免产生歧义，合同中应写明采购物资的名称、商标、品种、型号、规格、等级、花色、用途等。

对标的物的质量要求应符合国际、国家或行业现行有关质量标准和设计要求，可采用标准、说明、实物样品等方式明确质量要求，如在合同中写明执行的质量标准代号、编号和标准名称，明确各类材料的技术要求、试验方法、性能指标等。

供货方交付的货物品种、型号、规格、质量不符合合同约定时，如果采购方不同意使用，应由供货方负责包换或包修；如果采购方同意利用，应当按质论价。

（三）数量

合同中应该明确所采用的计量方法和计量单位。对于国家、行业或地方规定有计量标准的产品，合同中应按照统一标准注明计量单位，杜绝使用含混不清的计量单位。订购数量和数量单位须在合同中写清，供货方发货时所采用的计量单位与计量方法应该与合同一致，对于一次订购分期供货的合同，还应明确每次进货的时间、地点和数量。对于一些在运输过程中容易发生自然损耗的建筑材料，还应在合同中写明交货数量的正负尾数差、合理磅数和运输途中的自然损耗的规定及计算方法。

（四）包装

产品或者其包装标识应该符合要求，包括产品名称、生产厂家、厂址、质量检验合格证明等。包装物应由建筑材料的供货方负责供应，除非采购方对包装提出特殊要求一般不得向采购方收取包装费。包装物的回收可以采用押金回收和折价回收的方式，押金回收适用于集装箱、电缆卷筒等专用的包装物，折价回收适用于玻璃瓶、麻袋、油桶等可以循环再利用的包装物。

（五）交付方式及交货时间

交付方式通常包括两种形式：采购方到约定地点提货；供货方负责将货物送达指定地点。可以根据情况选择铁路、公路、水路、航空、管道运输及海上运输等方式，运费既可由采购方承担也可由供货方承担，应在合同中明确。

合同中还应规定具体的交货时间，如果分批交货，还需要注明各个批次的具体交货时间。

交货日期的确定可以按照以下方式：

（1）供货方负责送货的，以采购方收货戳记的日期为准；

（2）采购方提货的，以供货方式按合同规定通知的提货日期为准；

（3）委托运输部门或单位运输、送货或代运的产品，一般以供货方发运产品时承运单位签发的日期为准（不以向承运单位提出申请的日期为准）。

供货方如逾期交货，可根据合同约定，依据逾期交货部分货款总价计算违约金。供货方如不能全部或部分交货，应按合同约定的违约金比例乘以不能交货部分货款来计算违约金。合同签订后，如采购方要求中途退货，应向供货方支付按退货部分货款总额计算的违约金。如采购方不能按期提货，除支付违约金以外，还应承担逾期提货给供货方造成的代为保管费、保养费等。

（六）验收

采购合同中还应明确货物的验收依据和验收方式。

验收依据主要有：

（1）采购合同；

（2）供货方提供的发货单、计量单、装箱单及其他有关凭证；

（3）合同约定的质量标准和要求；

（4）产品合格证、检验单；

（5）图纸、样品及其他技术证明文件；

（6）双方当事人封存的样品。

验收方式通常有如下四种形式：

（1）驻厂验收。在制造时期，由采购方派人到生产厂家进行材质检验。

（2）提运验收。对加工订制、市场采购和自提自运的物资，由提货人在提取产品时检验。

（3）接运验收。由接运人员对到达的物资进行检查验收。

（4）入库验收。由仓库管理人员负责数量和外观检验。

（七）结算

合同中应明确结算的时间、方式和手续。结算方式多采用转账支付方式，对于金额小的合同也可采用现金支付方式。采购方逾期付款，应该按照合同约定支付逾期付款利息。

二、建设工程设备采购合同管理

（一）概述

一般，永久工程的大型设备多由发包人负责采购，即甲方提供（甲供）；但在EPC总承包等模式下，也可交由总承包人负责采购。

与建筑材料采购合同类似，工程设备采购合同也应包括并需明确如下内容：设备的名称、数量、型号规格、技术标准及性能参数、交货方式、运输方式、交货地点、交货期限、验收方式、价格、支付结算方式、违约责任等。

与建筑材料采购合同不同的是，对大型设备的采购，既要包括交货阶段的要求，还要包括设备生产制造、安装调试、试运行、性能达标检验和保修等方面的具体约定。

（二）设备及附件数量

合同双方需明确设备名称、套数、随主机的辅机、附件、配件、易损备用品和专用安装修理工具等，应在合同中给出详细清单，列明名称、数量、规格型号等。

（三）技术标准

应注明设备系统的主要技术性能，以及各部分设备的主要技术标准和技术性能。

（四）设备价格与支付

设备采购合同通常多采用固定总价合同的形式，即在合同交货期内价格不予调整，合同价中应明确所包括设备的税费、运杂费、保险费等与合同有关的其他费用。

合同中尤其应该明确合同价格除主设备外，是否包括数量明确的附件、配件、工具和损耗品的费用，是否包括内容具体的调试、试运、保修服务的费用等。

合同价款的支付一般分多次支付，如：

（1）设备生产前，支付合同总价的 10% ～ 20% 作为预付款；

（2）供货方在规定的时间内将货物送达交货地点并验收合格后，支付该批设备合同价的 70% ～ 80%；

（3）保证期满，签发最终验收证书后，支付合同总价 10% ～ 15% 的质保金。

（五）现场服务

在设备采购合同中，还应该约定设备安装工作是由采购方承担还是由供货方承担。如果由采购方承担，应明确还需要供货方提供的技术服务、现场服务的具体内容，如供货方需派技术人员到现场向安装施工人员进行技术交底、指导安装和调试、处理设备的质量问题、参加试车和验收试验等相关服务内容，并对现场技术人员在现场的工作条件、生活待遇及费用承担方式等加以约定。

（六）验收和保修

设备采购合同通常约定，在成套设备安装后一般应进行试车检验，由买卖双方共同参加启动试车检验工作。如试验合格后，双方在验收文件上签字，正式移交采购方进行生产运行。如检验不合格，若属于设备质量原因，应由供货方负责修理、更换并承担全部费用；若属于工程施工质量问题，则应由安装单位负责拆除后纠正缺陷。

合同中还应明确成套设备的验收方法以及是否保修、保修期限、费用分担等。

学习材料：《建设工程项目管理规范》关于合同管理的规定

住房和城乡建设部、国家质量监督检验检疫总局联合发布国家标准《建设工程项目管理规范（GB/T50326-2017）》中关于“合同管理”的规定：

1. 一般规定

1.1　组织应建立项目合同管理制度，明确合同管理责任，设立专门机构或人员负责合同管理工作。

1.2　组织应配备符合要求的项目合同管理人员，实施合同的策划和编制活动，规范项目合同管理的实施程序和控制要求，确保合同订立和履行过程的合规性。

1.3　项目合同管理应遵循下列程序：

（1）合同评审；

（2）合同订立；

（3）合同实施计划；

（4）合同实施控制；

（5）合同管理总结。

1.4　严禁通过违法发包、转包、违法分包、挂靠方式订立和实施建设工程合同。

2. 合同评审

2.1　合同订立前，组织应进行合同评审，完成对合同条件的审查、认定和评估工作。以招标方式订立合同时，组织应对招标文件和投标文件进行审查、认定和评估。

2.2　合同评审应包括下列内容：

（1）合法性、合规性评审；

（2）合理性、可行性评审；

（3）合同严密性、完整性评审；

（4）与产品或过程有关要求的评审；

（5）合同风险评估。

2.3　合同内容涉及专利、专有技术或者著作权等知识产权时，应对其使用权的合法性进行审查。

2.4　合同评审中发现的问题，应以书面形式提出，要求予以澄清或调整。

2.5　组织应根据需要进行合同谈判，细化、完善、补充、修改或另行约定合同条款和内容。

3. 合同订立

3.1　组织应依据合同评审和谈判结果、按程序和规定订立合同。

3.2　合同订立应符合下列规定：

（1）合同订立应是组织的真实意思表示；

（2）合同订立应采用书面形式，并符合相关资质管理与许可管理的规定；

（3）合同应由当事方的法定代表人或其授权的委托代理人签字或盖章；合同主体是法人或者其他组织时，应当加盖单位印章；

（4）法律、行政法规规定办理批准、登记等手续后合同生效时，应依照规定办理；

（5）合同订立后应在规定期限内办理备案手续。

4. 合同实施计划

4.1　组织应规定合同实施工作程序，编制合同实施计划。合同实施计划应包括下列内容：

（1）合同实施总体安排；

（2）合同分解与分包策划；

（3）合同实施保证体系的建立。

4.2　合同实施保证体系应与其他管理体系协调一致。组织应建立合同文件沟通方式、编码系统和文档系统。

4.3　承包人应对其承接的合同作总体协调安排。承包人自行完成的工作及分包合同的内容，应在质量、资金、进度、管理架构、争议解决方式方面符合总包合同的要求。

4.4　分包合同实施应符合法律法规和组织有关合同管理制度的要求。

5. 合同实施控制

5.1　项目管理机构应按约定全面履行合同。

5.2　合同实施控制的日常工作应包括下列内容：

（1）合同交底；

（2）合同跟踪与诊断；

（3）合同完善与补充；

（4）信息反馈与协调；

（5）其他应自主完成的合同管理工作。

5.3　合同实施前，组织的相关部门和合同谈判人员应对项目管理机构进行合同交底。合同交底应包括下列内容：

（1）合同的主要内容；

（2）合同订立过程中的特殊问题及合同待定的问题；

（3）合同实施计划及责任分配；

（4）合同实施的主要风险；

（5）其他应进行交底的合同事项。

5.4 项目管理机构应在合同实施过程定期进行合同跟踪和诊断。合同跟踪和诊断应符合下列要求：

（1）对合同实施信息进行全面收集、分类处理，查找合同实施中的偏差；

（2）定期对合同实施中出现的偏差进行定性、定量分析，通报合同实施情况及存在的问题。

5.5 项目管理机构应根据合同实施偏差结果制定合同纠偏措施或方案，经授权人批准后实施。实施需要其他相关方配合时，项目管理机构应事先征得各相关方的认同，并在实施中协调一致。

5.6 项目管理机构应按照规定实施合同变更的管理工作，将变更文件和要求传递至相关人员。合同变更应当符合下列条件：

（1）变更的内容应符合合同约定或者法律法规规定。变更超过原设计标准或者批准规模时，应由组织按照规定程序办理变更审批手续。

（2）变更或变更异议的提出，应符合合同约定或者法律法规规定的程序和期限。

（3）变更应经组织或其授权人员签字或盖章后实施。

（4）变更对合同价格及工期有影响时，可相应调整合同价格和工期。

5.7 项目管理机构应控制和管理合同中止行为。合同中止应按照下列方式处理：

（1）合同中止履行前，应以书面形式通知对方并说明理由。因对方违约导致合同中止履行时，在对方提供适当担保时应恢复履行；中止履行后，对方在合理期限内未恢复履行能力并且未提供适当担保时，应报请组织决定是否解除合同。

（2）合同中止或恢复履行，如依法需要向有关行政主管机关报告或履行核验手续，应在规定的期限内履行相关手续。

（3）合同中止后不再恢复履行时，应根据合同约定或法律规定解除合同。

5.8 项目管理机构应按照规定实施合同索赔的管理工作。索赔应符合下列条件：

（1）索赔应依据合同约定提出。合同没有约定或者约定不明时，按照法律法规规定提出。

（2）索赔应全面、完整地收集和整理索赔资料。

（3）索赔意向通知及索赔报告应按照约定或法定的程序和期限提出。

（4）索赔报告应说明索赔理由，提出索赔金额及工期。

5.9 合同实施过程中产生争议时，应按下列方式解决：

（1）双方通过协商达成一致；

（2）请求第三方调解；

（3）按照合同约定申请仲裁或向人民法院起诉。

6. 合同管理总结

6.1　合同终止前，项目管理机构应进行项目合同管理评价，总结合同订立和执行过程中的经验和教训，提出总结报告。

6.2　合同总结报告应包括下列内容：

（1）合同订立情况评价；

（2）合同履行情况评价；

（3）合同管理工作评价；

（4）对本项目有重大影响的合同条款评价；

（5）其他经验和教训。

6.3　组织应根据合同总结报告确定项目合同管理改进需求，制订改进措施，完善合同管理制度，并按照规定保存合同总结报告。

【思考与练习】

1. 分析采用 EPC 模式的适用条件及其对业主和总承包人可能带来的益处和风险。

2. 如何理解工作范围和功能要求是开展 EPC 总承包的重要依据？

3. 建设项目工程 EPC 总承包合同中发包人和承包人各有哪些基本义务？

4. EPC 模式下承包人应如何挖掘设计、采购、施工相互协调配合的潜力？

5. 在施工专业分包模式下，总承包人如何开展对施工专业分包的管理？

6. 在劳务分包合同中，如何约定保险责任、劳务报酬及工程量计算？

7. 建设工程建筑材料采购模式主要有哪几种？

8. 熟悉建设工程建筑材料采购合同中交付方式及交货日期的确定。

9. 建设工程建筑材料采购有哪些验收依据？有哪几种验收方式？

10. 签订建设工程大型设备采购合同应当注意哪些方面？

11. 分小组讨论国家标准《建设工程项目管理规范》中合同管理规定的理论依据和内在逻辑。

12. 图 9-1 展示了合同双方不同合作度的合同形式与激励程度和收益潜力的相关性，请谈谈你的观点和认识。

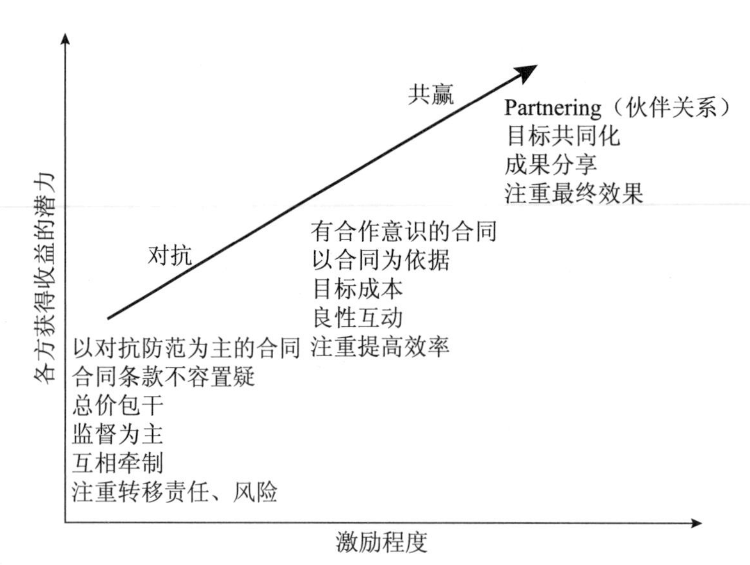

图 9-1　合作双方不同合作度的合同形式

【在线测试题】

扫码书背面的二维码，获取答题权限。

第十章
国际咨询工程师联合会（FIDIC）施工合同条件

学习目标

本章要求熟悉 FIDIC 组织及其发布的系列标准合同条件组成。掌握 FIDIC《施工合同条件》的适用情况，实施中主要事件及顺序，业主、承包商、工程师的主要责任和义务，工程前期业主和承包商的工作。掌握工程质量管理、施工进度管理，工程计量和估价，变更管理，竣工验收管理，缺陷责任管理，支付管理，工程暂停和合同终止，风险管理，索赔管理、争端和仲裁等条款的主要内容和运作要点。

第一节 国际咨询工程师联合会（FIDIC）及其合同条件

一、FIDIC 组织简介

FIDIC 是国际咨询工程师联合会（Federation Internationale Des Ingenieurs Conseils）的法文首字母的缩写，英文名称是 International Federation of Consulting Engineers，中文音译为“菲迪克”。FIDIC 于 1913 年在比利时根特成立，秘书处现设在瑞士日内瓦，拥有来自全球一百个国家和地区的成员（1996 年中国工程咨询协会代表中国成为正式会员），多年来已成为国际最具权威的咨询工程师组织。FIDIC 每年举办各类研讨会、开展专业培训、发布各类出版物，为咨询工程师、项目业主等提供信息和服务。FIDIC 因其用英文编写出版的建设工程项目系列合同条件最具影响，该合同在国际上被广泛使用，也成了工程建设领域最为重要的合同范本。

二、FIDIC 发布的标准合同条件

目前得到广泛应用的 FIDIC 标准合同条件主要包括：

（1）《土木工程施工合同条件》（Conditions of Contract for Works of Civil Engineering Construction）（1977 年第 3 版、1987 年第 4 版、1992 年修订版）（又称“红皮书”），适合于承包商按发包人设计进行施工的房屋建筑工程和土木工程的施工项目，采用工程量清单计价，一般情况下单价可随物价波动而调整，由业主委派工程师管理合同。合同文本获得了世界银行、欧洲建筑业国际联合会、亚洲及西太平洋承包商协会国际联合会、美洲国家建筑业联合会、美国普通承包商联合会、国际疏浚公司协会的共同认可和广泛推荐。

（2）《施工合同条件》（Conditions of Contract for Construction）（1999 年第 1 版、2017 年第 2 版）（又称“新红皮书”），适用于各类大型或较复杂的工程或房建项目，尤其适合传统的“设计—招标—建造”（Design—Bid—Construction）模式，承包商按照业主提供的设计进行施工，采用工程量清单计价，业主委托工程师管理合同，由工程师监

管施工并签证支付。

（3）《生产设备和设计—施工合同条件》（Conditions of Contract for Plant and Design - Build）（1999 年第 1 版、2017 年第 2 版）（又称“新黄皮书”），适用于“设计—建造”（Design-Construction）模式，业主提交工程目标、范围和技术标准等“业主要求”，由承包商按照业主要求进行设计、提供设备并施工安装的机械、电气、房建等工程的合同，采用总价合同、分期支付，业主委托工程师管理合同，由工程师监管承包商设备的现场安装以及签证支付。

（4）《设计采购施工（EPC）/ 交钥匙工程合同条件》（Conditions of Contract for EPC / Turnkey Projects）（1999 年第 1 版、2017 年第 2 版）（又称“银皮书”），适用于承包商以交钥匙方式进行设计、采购和施工工作的总承包，完成一个配备完善的业主只需“转动钥匙”即可运行的工程项目，采用总价合同、分阶段支付。

（5）《简明合同格式》（Short Form of Contract）（1999 年第 1 版）（又称“绿皮书”），适用于投资金额相对较小、工期短、或技术简单、或重复性的工程项目施工，既适于业主设计也适于承包商设计。

（6）《设计—建造与交钥匙工程合同条件》（Conditions of Contract for Design-Build and Turnkey）（1995 年第 1 版）（又称“橘皮书”），适用于“设计—建造”与“交钥匙”模式，推荐用于在国际招标工程（也适用于国内工程），由承包商根据业主要求设计和施工的工程（土木、机械、电气）项目和房建项目，采用总价合同、分期支付。

（7）《设计施工和营运合同条件》（Conditions of Contract for Design，Build and Operate Projects）（2008 年第 1 版）（又称“金皮书”），适用于承包商不仅需要承担设施的设计和施工工作，还要负责设施的长期运营，并在运营期到期后将设施移交给政府，即“DBO”项目。

（8）《土木工程施工分包合同条件》（Conditions of Subcontract for Work of Civil Engineering Construction ）（1994 年第 1 版）（又称“褐皮书”），适用于承包商与专业工程施工分包商订立的施工合同，建议与《土木工程施工合同条件》（1987 年第 4 版）配套使用。

（9）《客户 / 咨询工程师（单位）服务协议书》（Client-Consultant Model Services Agreement）（1998 年第 3 版、2006 年第 4 版、2017 年第 5 版）（又称“白皮书”），适用于业主委托工程咨询单位进行项目的前期投资研究、可行性研究、工程设计、招标评标、合同管理和投产准备等的咨询服务合同。

FIDIC 合同条件不仅在国际承包工程中得到广泛的应用，也对我国编制的标准施工合同示范文本提供了重要借鉴，如住房和城乡建设部、国家工商行政管理总局颁布的《建设工程施工合同》《建设项目工程总承包合同（示范文本）》，国家发改委、财政部等九部委颁发的标准施工招标文件中的施工合同等，均大量依托参考了 FIDIC 合同条件的管理模式、文本格式和条款内容，可以说是 FIDIC 合同体系在中国的改造、推广和应用。

三、FIDIC《施工合同条件》概述

在上述合同文本共同构成的FIDIC系列合同文件（又因其封面的不同颜色被称“FIDIC彩虹系列”）中，《土木工程施工合同条件》《施工合同条件》（红皮书）是FIDIC编制其他合同条件的基础性文本，通过条款对比不难发现，其他合同条件如《生产设备和设计—施工合同条件》《设计采购施工（EPC）/交钥匙工程合同条件》等无论在文本格式上，还是在合同条款内容和表述上，大部分均与《施工合同条件》相同或相似，《简明合同格式》则可以说是《施工合同条件》的简化版，对业主与承包商履行合同的责任、权利、义务、风险等大多数条款的规定基本相同。因此，以下以《施工合同条件》为例，进行要点阐释。

在1999年和2017年版的FIDIC《施工合同条件》模式下，项目主要参与方为业主（employer）、承包商（contractor）、工程师（engineer）和争端裁决委员会（dispute adjudication board）。

其中，工程师受业主委托授权为业主开展项目日常管理工作，相当于国内的监理工程师；工程师属于业主方人员，应履行合同中赋予的职责，行使合同中明确规定的或必然隐含赋予的权力，但并应保持公平（Fair）的态度处理施工过程中的问题。工程师的人员包括有恰当资格的工程师及其他有能力履行职责的专业人员。

根据合同规定，将各方的主要责任和义务概述如下：

（一）业主的主要责任和义务

由业主委托任命工程师代表业主进行合同管理；承担大部分或全部设计工作并及时向承包商提供设计图纸；给予承包商现场占有权；向承包商及时提供信息、指示、同意、批准及发出通知；避免可能干扰或阻碍工程进展的行为；提供业主方应提供的保障、物资并实施各项工作；在必要时指定专业分包商和供应商；在承包商完成相应工作时按时支付工程款。

（二）承包商的主要责任和义务

承包商应按照合同的规定以及工程师的指示对工程进行设计、施工和竣工，并修补缺陷；应为工程的设计、施工、竣工以及修补缺陷提供所需的设备、承包商的文件、承包商的人员、货物、消耗品以及其他物品或服务；应对所有现场作业和施工方法的完备性、稳定性和安全性负责。

承包商还应向业主和工程师提供工程执行和竣工所需的各类计划、实施情况、意见和通知，提交竣工文件以及操作和维修手册，履行承包商日常管理职能。

（三）工程师的主要责任和义务

执行业主委托的施工项目目标监控和日常管理任务，包括协调、联系、指示、批准和决定等方面；确定、确认合同款支付、工程变更、试验、验收等专业事项。每当工程师行使某种需经业主批准的权力时，被认为他已从业主处得到任何必要的批准。工程师还可以向助手指派任务和委托部分权力，但其无权修改合同，无权解除任何一方依照合同具有的任何职责、义务或责任。

以下三节将主要根据 1999 年版并兼顾 2017 年版 FIDIC《施工合同条件》（Conditions of Contract for Construction）进行梳理分析。

第二节　工程质量进度计价管理

一、工程前期业主工作

在工程前期，业主方的工作主要有：

（一）给予承包商现场进入权（Right of Access to the Site）

业主应给予承包商在合理的时间内进入和占用现场所有部分的权利，使承包商可以按照提交的进度计划顺利开始施工。

如果由于业主一方未能在规定时间内给予承包商进入现场和占用现场的权利，致使承包商延误了工期和（或）增加了费用，承包商应向工程师发出通知，并依据承包商的索赔，获得以下权利：（1）如果竣工已经或将被延误，可获得延长的工期；（2）获得有关费用加上合理利润的支付。

（二）协助办理许可、执照或批准（Permits，Licences or Approvals）

业主应根据承包商的请求，为获得与合同有关的但不易取得的工程所在国的法律的副本、申请法律所要求的许可、执照或批准（如货物出口清关）等事宜向承包商提供合理的协助。

二、工程前期承包商工作

在工程前期，承包商的工作主要有：

（一）提交履约保证（Performance Security）

承包商应在收到中标函后28天内将履约保证提交给业主，在承包商完成工程和竣工并修补任何缺陷之前，应确保履约保证持续有效。业主应在接到履约证书副本后21天内将履约保证退还给承包商。

（二）道路通行权（Right of Way）

承包商应为包括进入现场在内其所需的特殊和（或）临时的道路通行权承担全部费用和开支。

（三）进场路线（Access Route）的承诺

承包商应被认为对其选用的进场路线的适宜性和可用性感到满意。承包商应付出合理的努力保护这些道路或桥梁，免于因为承包商的交通运输或承包商的人员而遭受损坏。承包商应负责其使用的进场路线的任何必要的维护，应提供所有沿进场路线必需的标志或方向指示。

（四）避免干扰（Avoidance of Interference）

承包商不应不必要地或不适当地干扰：（1）公众的方便；（2）进入和使用以及占用所有道路和人行道。

【小资料】FIDIC施工合同条件招投标及合同实施主要事件及顺序，如图10-1所示。

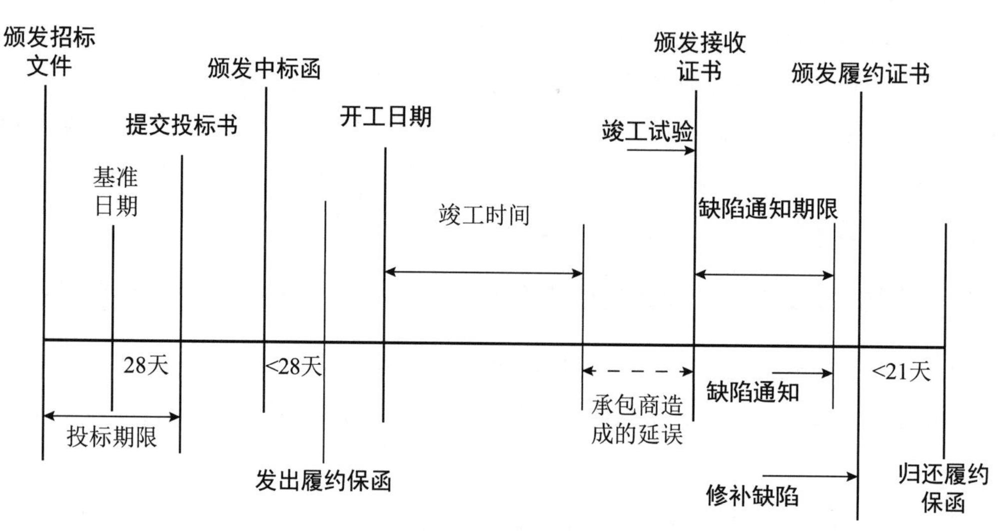

图10-1　FIDIC施工合同条件招投标及合同实施主要事件及顺序

三、工程质量管理

（一）放线（Setting Out）

承包商应根据合同中规定的或工程师通知的原始基准点、基准线和参照标高对工程进行放线。承包商应对工程各部分的正确定位负责。业主应对此类给定的或通知的参照项目的任何差错负责，但承包商在使用这些参照项目前应付出合理的努力去证实其准确性。

如果由于这些参照项目的差错而不可避免地对实施工程造成延误和（或）导致费用，而且一个有经验的承包商无法合理发现这种差错并避免此类延误和（或）费用，承包商应向工程师发出通知并有权索赔：（1）如果竣工已经或将被延误，获得延长的工期；（2）获得有关费用加上合理利润的支付。

（二）质量保证（Quality Assurance）

承包商应按照合同的要求建立一套质量保证体系，工程师有权审查质量保证体系的任何方面。遵守该质量保证体系不应解除承包商依据合同具有的任何职责、义务和责任。

（三）实施方式（Manner of Execution）

承包商进行永久设备的制造、材料的制造和生产，并实施所有其他工程时，应：（1）以合同中规定的方法；（2）按照公认的良好惯例，以恰当、熟练和谨慎的方式；（3）使用适当配备的设施以及安全材料。

（四）检查（Inspection）

业主的人员在一切合理的时间内：

（1）应完全能进入现场及获得自然材料的所有场所；

（2）有权在生产、制造和施工期间（在现场或其他地方）对材料和工艺进行审核、检查、测量与检验，并对永久设备的制造进度和材料的生产及制造进度进行审查。

承包商应向业主的人员提供一切机会执行该任务，但此类活动并不解除承包商的任何义务和责任。

在覆盖、掩蔽或包装之前，当此类工作已准备就绪时，承包商应及时通知工程师。工程师应随即进行审核、检查、测量或检验，不得无故拖延，或立即通知承包商无需进行上述工作。如果承包商未发出此类通知而工程师要求时，承包商应打开这部分工程并随后自费恢复原状。

（五）试验（Testing）

承包商应提供所有试验（竣工试验除外）所需的仪器、协助文件和其他资料、电力、装置、燃料、消耗品、工具、劳力、材料与人员。承包商应与工程师商定对永久设备、材料和工程进行试验的时间和地点。

工程师应提前至少 24 小时将其参加试验的意图通知承包商。如果工程师未在商定的时间和地点参加试验，除非工程师另有指示，承包商可着手进行试验，并且此试验应被视为是在工程师在场的情况下进行的。

如果由于遵守工程师的指示或因业主的延误而使承包商遭受延误和（或）导致费用，则承包商应通知工程师并有权提出工期、费用和利润索赔。

承包商应立即向工程师提交具有有效证明的试验报告。当规定的试验通过后，工程师应对承包商的试验证书批注认可或就此向承包商颁发证书。若工程师未能参加试验，他应被视为对试验数据的准确性予以认可。

（六）拒收（Rejection）

如果根据检验、试验，发现任何永久设备、材料或工艺有缺陷或不符合同规定，工程师可通知承包商并说明理由，拒收此永久设备、材料或工艺。承包商应立即修复上述缺陷并保证符合合同规定。

若工程师要求对此永久设备、材料或工艺再度进行试验，则试验应按相同条款和条件重新进行。如果此类拒收和再度试验致使业主产生了附加费用，则承包商应按照业主索赔的规定，向业主支付这笔费用。

（七）修补工作（Remedial Work）

无论之前是否经过了试验或颁发了证书，工程师仍可以指示承包商：

（1）将工程师认为不符合合同规定的永久设备或材料从现场移走并进行更换；

（2）把不符合合同规定的任何其他工程移走并重建；

（3）实施任何因保护工程安全而急需的工作。

承包商应在指示规定的期限内或立即执行该指示。

如果承包商未能遵守该指示，则业主有权雇用其他人来实施工作，并予以支付。除非承包商有权获得此类工作的付款，否则按照业主索赔的规定，应向业主支付因其未完成工作而导致的费用。

四、施工进度管理

（一）工程的开工及竣工

关于工程的开工时间，可以在专用条件中明确约定，如专用条件中没有约定，开工日期（commencement date）应在合同协议书规定的合同全面实施和生效日期后的 42 天内。工程师应至少提前 7 天向承包商发出开工日期的通知。承包商应在开工日期后，在合理情况下尽早开始工程的设计和施工，随后应以正常速度、不拖延地实施工程。

承包商应在工程或分项工程（视情况而定）的竣工时间内，完成整个工程和每个分项工程，包括通过竣工试验，完成合同提出的工程和分项工程等竣工要求所需要的全部工作。

（二）进度计划（Programme）

承包商应在开工日期后 28 天内向工程师提交一份进度计划。当原定进度计划与实际进度或承包商的义务不相符时，承包商还应提交一份修订的进度计划，内容包括：承包商计划实施工程的工作顺序，工程各主要阶段的时间计划安排，合同中规定的各项检验和试验的顺序及时间安排。

承包商应按照该进度计划，并遵守合同规定的其他义务开展工作（除非工程师在收到进度计划后 21 天内向承包商发出通知，就其不符合合同要求的地方提出改正）。

承包商还应及时将未来可能对工程施工造成不利影响或延误的情况通知工程师。在工程师通知承包商指出进度计划不符合合同要求或与实际进度或承包商提出的意向不一致时，承包商应遵照合同要求向工程师提交一份修订进度计划。

（三）竣工时间的延长（Extension of Time for Completion）

如由于下列原因，致使达到按照工程和分项工程的接收要求的竣工受到或将受到延误的程度，承包商有权根据索赔的规定提出延长竣工时间：

（1）延误发放图纸；

（2）延误移交施工现场；

（3）承包商依据工程师提供的错误数据导致放线错误；

（4）不可预见的外界条件；

（5）发生工程变更；

（6）施工中遇到文物和古迹而对施工进度的干扰；

（7）非承包商原因检验导致施工的延误；

（8）发生变更或合同中实际工程量与计划工程量出现实质性变化；

（9）施工中遇到有经验的承包商也不能合理预见的异常不利气候条件的影响；

（10）由于传染病或其他政府行为导致工期的延误；

（11）施工中受到业主或其他承包商的干扰；

（12）施工涉及有关公共部门原因引起的延误；

（13）业主提前占用工程导致对后续施工的延误；

（14）非承包商原因使竣工检验不能按计划正常进行；

（15）后续法规调整引起的延误；

（16）业主或业主雇用的其他承包商造成的延误；

（17）发生不可抗力事件的影响 [2017 年版 FIDIC 施工合同条件将“不可抗力”（force majeure）重新命名为“例外事件”（exceptional events）]。

如承包商认为有权提出延长竣工时间，应按照索赔的规定，向工程师发出通知。

（四）工程进度（Rate of Progress）

承包商应保证工程按照进度计划准时完工。如果实际工程进度过于迟缓，或进度已经或将要落后于根据进度计划的规定所制订的现行进度计划时，除由于竣工时间的延长中列举的原因外，工程师可指示承包商根据进度计划的规定提交一份修订的进度计划，并附承包商为加快进度在竣工时间内完工所采取修订方法的补充报告。如果这些修订方法使业主招致附加费用，承包商应根据业主索赔及误期损害赔偿费的规定，向业主支付这些费用。

（五）误期损害赔偿费（Delay Damages）

如果承包商未能遵守竣工时间的要求，承包商应当为其违约行为，根据业主索赔的要求支付误期损害赔偿费。误期损害赔偿费应按照专用条件中规定的每天应付金额，以接收证书上注明的日期超过竣工时间的天数计算，且计算的赔偿总额不得超过专用条件中规定的误期损害赔偿费的最高限额。

除在工程竣工前根据由业主规定终止的情况外，这些误期损害赔偿费应是承包商为此类违约应付的唯一损害赔偿费。这些损害赔偿费不应解除承包商完成工程的义务或合同规定的其可能承担的其他责任、义务或职责。

（六）暂时停工（Suspension of Work）

在工程实施过程中，工程师可以随时指示承包商暂停工程某一部分或全部的施工。在暂停期间，承包商应保护、保管并保证该部分或全部工程不致产生任何变质、损失或损害。

对于暂停产生的后果，应由责任方承担相应责任。第三方导致的停工，如政府的临时停工要求，一般可按不可抗力处理，具体应按照合同规定处理。

（七）拖长的暂停（Prolonged Suspension）

在工程实施过程中，应避免出现过长的暂停。如果暂时停工已持续 84 天以上，承包商可以要求工程师允许继续施工。如在提出这一要求后 28 天内，工程师没有给出许可，承包商可以通知工程师，将工程受暂停影响的部分视为根据变更和调整规定的删减项目。若暂停影响到整个工程，承包商可以根据由承包商终止的规定发出终止的通知。

（八）复工（Resumption of Work）

在发出继续施工的许可或指示后，双方应共同对受暂停影响的工程、生产设备和材料进行检查。承包商应负责恢复在暂停期间发生的工程或生产设备或材料的任何变质、缺陷或损失。

五、工程计量和估价

（一）需计量的工程（Works to be Measured）

FIDIC《施工合同条件》采用工程量清单计价模式，当工程师要求对工程量进行计量时，应通知承包商的代表立即参加或协助工程师进行测量、提供工程师所要求的全部详细资料。

如果承包商不同意工程量测量记录，应通知工程师并说明记录中不准确之处，工程师应予复查，或予以确认或修改。如果承包商在被要求对记录进行审查后 14 天内未向工程师发出此类通知，则认为它们是准确的并被接受。

（二）计量方法（Method of Measurement）

一般，在工程量的计量方法上：

（1）计量应该是测量每部分永久工程的实际净值；

（2）计量方法应符合工程量表或其他适用报表。

（三）估价（Evaluation）

工程师应通过对每一项工作的估价，商定或决定合同价格。每项工作的估价是依据测量数据乘以此项工作的相应价格费率或价格得到的。

对每一项工作，该项费率或价格应该是合同中对此项工作规定的费率或价格；如果没有该项，则为对其类似工作所规定的费率或价格。

六、变更管理

（一）变更权（Right to Vary）

在颁发工程接收证书前的任何时间，工程师都可通过发布指示或以要求承包商提交建议书的方式来提出变更。

承包商应遵守并执行每项变更，除非承包商及时向工程师发出通知，说明承包商难以取得所需要的货物，否则工程师接到此类通知后，应取消、确认或改变原指示。

（二）价值工程（Value Engineering）

承包商可随时向工程师提交书面建议，提出（其认为）采纳后将：①加快竣工；②降低业主的工程施工、维护或运行的费用；③提高业主的竣工工程的效率或价值；④给业主带来其他利益的建议。

此类建议书应由承包商自费编制，并应包括变更程序所列的内容。

（三）变更程序（Variation Procedure）

如果工程师在发出变更指示前要求承包商提出一份建议书，承包商应尽快进行书面回应，或提交：

（1）对建议的设计和要完成工作的说明，以及实施的进度计划；

（2）根据进度计划和竣工时间的要求，承包商对进度计划进行必要修改的建议书；

（3）承包商对调整合同价格的建议书。

工程师收到回应后，应尽快给予批准、不批准或提出意见的回复。在等待答复期间，承包商不应延误任何工作。

（四）暂列金额（Provisional Sums）

暂列金额类似于“备用金”。每笔暂列金额只应按工程师指示全部或部分地使用，并对合同价格相应进行调整。付给承包商的总金额只应包括工程师已指示的，与暂列金额有关的工作、供货或服务的应付款项。

（五）计日工作（Daywork）

对于一些小的或附带性的工作，工程师可指示按计日工作（又称“点工”）实施变更。这时，工作应按照包括在合同中的计日工作计划表，并按程序进行估价。报表如果正确或经同意，将由工程师签署。

（六）因法律改变的调整（Adjustments for Changes in Legislation）

在基准日期后，工程所在国的法律有改变（包括施用新法律、废除或修改现有法律），或对此类法律的司法或政府解释有改变，对承包商履行合同规定的义务产生影响时，合同价格应考虑由上述改变造成的任何费用增减，进行调整。

如果由于在基准日期后进行的法律改变，使承包商已（或将）遭受延误和（或）招致增加费用，承包商应向工程师发出通知，并有权根据承包商的索赔规定提出：如果竣工已（或将）受到延误，可给予延长期；任何此类费用计入合同价格，并给予支付。

工程师收到此类通知后，应对这些事项进行商定或确定。

（七）因成本改变的调整（Adjustments for Changes in Cost）

当合同价格要根据劳动力、货物及其他投入的成本的升降进行调整时，可根据投标书附录中填写的调整数据表，根据规定的公式进行调整。所用公式采用如下一般形式：

$$P_n = a + b\ (L_n/L_0)\ + c\ (E_n/E_0)\ + d\ (M_n/M_0)\ + \cdots$$

式中：

P_n 是用于在 n 期间（单位一般为 1 个月）所完成的工作的调价系数；

a 是调整数据表中规定的固定系数，即合同价款中不予调整的部分；

b、c、d 是表示调整数据表中列出的，与工程施工有关的各成本要素（如劳动力、设备、材料等）的估计比例系数；

L_n、E_n、M_n 是适用于付款证书期间最后一天 49 天前的表列相关成本要素（如劳动力、设备、材料等）n 期间现行成本指数或参考价格；

L_0、E_0、M_0 是适用于基准日期时表列相关成本要素的基准成本指数或参考价格。

（八）变更估价

1. 变更估价的原则

承包人按照工程师的变更指示实施变更工作后，往往涉及对变更工程的估价问题。变更工程的价格或费率，往往是双方协商时的焦点。计算变更工程应采用的费率或价格，可分为三种情况：

（1）变更工作在工程量表中若有同种工作内容的单价，应以该费率计算变更工程费用。

（2）工程量表中虽然列有同类工作的单价或价格，但对具体变更工作而言已不适用，则应在原单价和价格的基础上制定合理的新单价或价格。

（3）变更工作的内容在工程量表中没有同类工作的费率和价格，应按照与合同单价水平相一致的原则，确定新的费率或价格。

2. 可以调整合同工作单价的原则

具备以下条件时，允许对某一项工作规定的费率或价格加以调整：

（1）此项工作实际测量的工程量比工程量表或其他报表中规定的工程量的变动大于10%。

（2）工程量的变更与对该项工作规定的具体费率的乘积超过了合同款额的0.01%。

（3）由此工程量的变更直接造成该项工作每单位工程量费用的变动超过1%。

【小资料】某电站建设国际工程用于工程师审核签证的期中付款支付报表，如表10-1所示。

表10-1　某电站建设国际工程用于工程师审核签证的期中付款支付报表

Power house Contract ET/IC2			Period No.of Interim Payment Certificates		Engineer Interim Payment Certificates List			
	No.	ITEM DESCRIPTION	Current period accumulated amount		Current period amount		Prior period accumulated amount	
			RMB	U$	RMB	U$	RMB	U$
Payments	1	Finished BOQ Works						
	2	Finished Variation Works						
	3	Daywork						
	4	Price adjustments						
	5	Advance payment of the Works						
	6	Advancement payment of materials & plants						
	7	Other payments						
	8	Claims						
		Total payments						
Deductions	9	Retention money						
	10	Advance payment of the Works						
	11	Advancement payment of materials & plants						
	12	Other deductions						
		Total deductions						
NET		NET PAYMENTS						

Engineer's approve (signature):　　　　　　　　date of signature:

第三节　工程验收与缺陷责任及合同终止

一、竣工验收管理

（一）竣工试验（Tests on Completion）

工程施工完成后需进行竣工试验，如果合同约定有单位工程完成后的分部移交，则单位工程施工完成也应进行相应的竣工试验。这些试验一般包括某些性能试验，以确定工程或单位工程是否符合规定的标准，是否满足业主接收工程的条件。竣工试验的具体内容及步骤包括：承包商应提前 21 天将其可以进行每项竣工试验的日期通知工程师。竣工试验应在此通知日期后的 14 天内，在工程师指示的某日或某几日内进行。

（二）对竣工试验的干扰（Interference with Tests on Completion）

如果由业主应负责的原因妨碍承包商进行竣工试验达 14 天以上，承包商应尽快地进行竣工试验，因业主原因使承包商遭受延误和（或）招致费用增加，承包商应向工程师发出通知，有权根据承包商的索赔规定提出工期、费用和利润索赔。

（三）延误的试验（Delayed Tests）

如果承包商不当地延误竣工试验，工程师可通知承包商，要求在接到通知后 21 天内进行竣工试验。承包商应在上述期限内的某日或某几日内进行竣工试验，并将该日期通知工程师。

如果承包商未在规定的 21 天内进行竣工试验，业主人员可自行进行这些试验。试验的风险和费用应由承包商承担。这些竣工试验应被视为是承包商在场时进行的，试验结果应认为准确，并予以认可。

（四）重新试验（Retesting）

如果工程或分项工程未能通过竣工试验，应适用拒收条款的规定，工程师或承包商可要求按相同的条款和条件，重新进行此项未通过的试验和相关工程的竣工试验。

（五）未能通过竣工试验（Failture to Pass Tests on Completion）

如果工程或某分项工程未能通过根据重新试验的规定进行的竣工试验，工程师应有权：

（1）要求再次进行重复竣工试验；

（2）如果此项试验未通过，使业主实质上丧失了工程或分项工程的整体利益时，拒收工程或分项工程，在此种情况下，业主应采取与未能修补缺陷规定相同的补救措施；

（3）颁发接受证书。在采用该项办法的情况下，承包商应继续履行合同规定的所有其他义务。但合同价格应予降低，减少的金额应足以弥补此项试验未通过的后果给业主带来的价值损失。

（六）部分工程的接收（Taking Over of Parts of the Works）

在业主的决定下，工程师可以为部分永久工程颁发接收证书。

除非且直至工程师已颁发了该部分的接收证书，业主不得使用工程的任何部分。但是，如果在接收证书颁发前业主确实使用了工程的任何部分，则：

（1）该被使用的部分自被使用之日，应视为已被业主接收；

（2）承包商应从使用之日起停止对该部分的照管责任，此时责任应转给业主；

（3）当承包商要求时，工程师应为此部分颁发接收证书。

如果由于业主接收或使用该部分工程而使承包商招致费用，承包商应通知工程师并有权依据承包商的索赔获得有关费用以及合理利润的支付。

（七）工程和分项工程的接收（Taking Over of Works and Sections）

承包商可在其认为工程将要竣工并做好接收准备的日期前不少于 14 天，向工程师发出申请接收证书的通知。若工程被分成若干个分项工程，承包商可类似地为每个分项工程申请接收证书。

工程师在收到承包商申请通知后 28 天内，应：

（1）向承包商颁发接收证书，注明工程或分项工程按照合同要求竣工的日期，任何对工程或分项工程预期使用目的没有实质影响的少量收尾工作和缺陷（直到或当收尾工作和缺陷修补完成时）除外；

（2）或拒绝申请，说明理由，并指出在可以颁发接收证书前承包商需做的工作。承包商应在再次根据本款发出申请通知前，完成此项工作。

如果工程师在 28 天期限内既未颁发接收证书，又未拒绝承包商的申请，而工程或分项工程实质上符合合同规定，接收证书应视为已在上述规定期限的最后一日颁发。

（八）保留金的支付（Payment of Retention Money）

保留金在工程师颁发工程接收证书和颁发履约证书后分两次返还。

颁发工程接收证书后，将保留金的50%返还承包商。若为其颁发的是按合同约定的分部移交工程接收证书，则返还按分部工程价值比例计算保留金的40%。

颁发履约证书后将全部保留金返还承包商。由于分部移交工程的缺陷责任期的到期时间早于整个工程的缺陷责任期的到期时间，对分部移交工程的二次返还，也为该部分剩余保留金的40%。

二、缺陷责任管理

（一）完成扫尾工作和修补缺陷（Completion of Outstanding Work and Remedying Defects）

为了使工程、承包商文件和每个分项工程在相应缺陷通知期限期满日期或其后尽快达到合同要求，承包商应：

（1）在工程师指示的合理时间内，完成接收证书注明日期时尚未完成的任何工作；

（2）在工程或分项工程的缺陷通知期限期满日期或其以前，按照业主可能通知的要求，完成修补缺陷或损害所需要的所有工作。

如果由于下述原因造成需要进行修补缺陷或损害的工作，应由承包商承担其风险和费用：

（1）承包商负责的工程设计；

（2）生产设备、材料或工艺不符合合同要求；

（3）承包商未能遵守任何其他义务。

如果因为某项缺陷或损害达到使工程或某项主要生产设备（视情况而定，并在接收以后）不能按原定目的使用的程度，业主应有权根据索赔的规定对工程或某一分项工程的缺陷通知期限提出一个延长期。但是，缺陷通知期限的延长不得超过2年。

2017年版FIDIC施工合同条件将“缺陷责任”（defects liability）改称为“接收后的缺陷”（defects after taking over）。

（二）未能修补的缺陷（Failure to Remedy Defects）

如果承包商未能在合理的时间内修补任何缺陷和损害，业主可确定一个日期，要求不迟于该日期修补好缺陷或损害，并应将该日期及时通知承包商。如果承包商到该通知日期仍未修补好缺陷或损害，且此项修补工作根据修补缺陷的费用的规定应由承包商承担实施的费用，业主可以自行选择：

（1）以合理的方式由业主或他人进行此项工作，由承包商承担费用，但承包商对此项工作将不再负责任；承包商应按照业主索赔的规定，向业主支付由业主修补缺陷或损害而发生的合理费用；

（2）按照确定的要求，商定或确定合同价格的合理减少额；

（3）如果上述缺陷或损害使业主实质上丧失了工程或工程的任何主要部分的整体利益时，可终止整个合同或不能按原定意图使用的部分。业主还应有权收回对工程或该部分工程的全部支出总额，加上融资费用和拆除工程、清理现场以及将生产设备和材料退还给承包商所支付的费用。

（三）进一步试验（Further Tests）

如果任何缺陷或损害的修补，可能对工程的性能产生影响，工程师可要求重新进行合同提出的任何试验，包括竣工试验和（或）竣工后试验。这一要求应在缺陷或损害修补后28天内发出通知。

（四）承包商调查（Contractor to Search）

如果工程师要求承包商调查任何缺陷的原因，承包商应在工程师的指导下进行调查。除根据规定应由承包商承担修补费用的情况外，调查费用加合理的利润，应按合同规定计入合同价格。

（五）履约证书（Performance Certificate）

只有履约证书应被视为对工程的认可。履约证书应由工程师在最后一个缺陷通知期限期满后28天内颁发，或在承包商提供所有承包商文件、完成了所有工程的施工和试验，包括修补任何缺陷后立即颁发。

颁发履约证书后，每一方仍应负责完成当时尚未履行的任何义务。为了确定这些未完成义务的性质和范围，合同应被视为仍然有效。

（六）现场清理（Clearance of Site）

在收到履约证书时，承包商应从现场撤走任何剩余的承包商设备、多余材料、残余物、垃圾和临时工程等。

三、最终支付

（一）最终结算

最终结算是指颁发履约证书后，对承包商完成全部工作的详细结算，根据合同对应付给承包商的费用进行核实，并确定合同的最终价格。

颁发履约证书后的 56 天内，承包商应向工程师提交最终报表草案，以及工程师要求提交的有关资料，详细说明根据合同完成的全部工程和依据合同认为还应支付的任何款项，如剩余的保留金及缺陷通知期内发生的索赔费用等。

（二）最终支付（Final Payment）

工程师审核后与承包商协商，对最终报表草案进行适当补充或修改后可形成最终报表。承包商将最终报表送交工程师的同时，还需向业主提交一份结清单进一步证实最终报表中的支付总额，书面确认业主再支付多少金额后同意与业主终止合同。工程师在接到最终报表和结清单附件后的 28 天内签发最终支付证书，业主应在收到证书后的 56 天内支付。只有当业主按照最终支付证书的金额支付并退还履约保函后，结清单才生效，承包商的索赔权也即行终止。

【小资料】FIDIC 施工合同条件期中付款和最终付款程序，如图 10-2 所示。

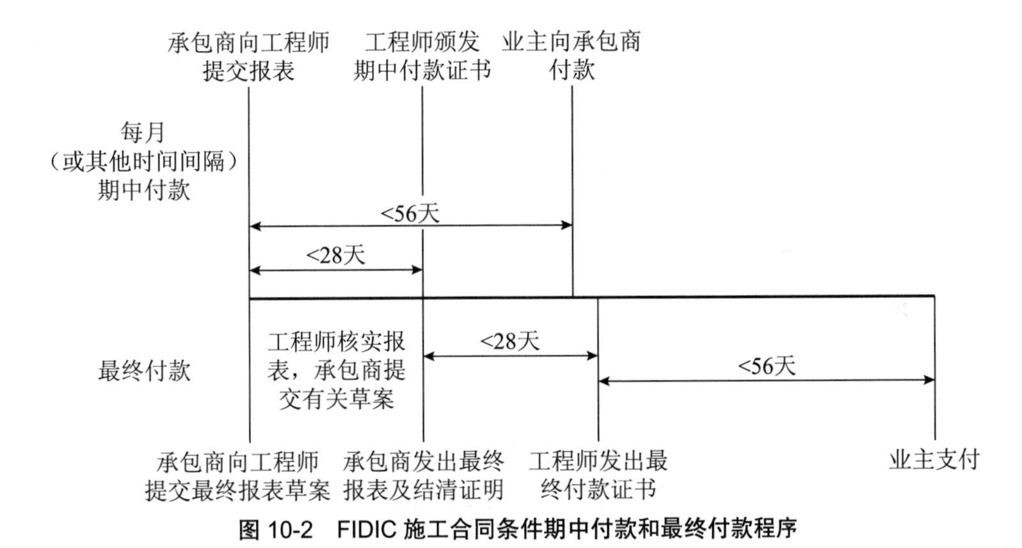

图 10-2　FIDIC 施工合同条件期中付款和最终付款程序

四、工程暂停和合同终止

（一）通知改正（Notice to Correct）

如果承包商未能根据合同履行任何义务，工程师可通知承包商，要求其在规定的合理时间内，纠正并补救其违约行为。

（二）由业主终止（Termination by Employer）

如果承包商有下列行为，业主有权终止合同：

（1）未能遵守履约担保的规定或根据通知改正的规定发出通知的要求；

（2）放弃工程或明确表现出不继续按照合同履行其义务的意向；

（3）无合理解释，未按照开工、延误和暂停的规定进行工程；

（4）未经必要的许可将整个工程分包出去或将合同转让他人；

（5）破产或无力偿债，停业清理；

（6）发生贿赂、礼品、赏金、回扣等不轨行为。

在出现上述情况时，业主可提前14天向承包商发出通知，终止合同并要求其离开现场。在（5）或（6）项情况下，业主可发出通知立即终止合同。

（三）承包商暂停工作（Suspension of Work）的权利

如果工程师未能按照期中付款证书颁发的规定颁发证书，或业主未能遵守业主的资金安排或付款的时间安排的规定，承包商可在不少于21天前通知业主，暂停工作（或放慢工作速度），除非并直到承包商根据情况和通知中所述，收到付款证书、合理的证明或付款为止。

如果在发出终止通知前承包商随后收到了付款证书、证明或付款，承包商应在合理可能的情况下，尽快恢复正常工作。

如果因按照本款暂停工作（或放慢工作速度）承包商遭受延误和（或）招致费用，承包商应向工程师发出通知，有权根据承包商的索赔规定提出工期、费用和利润索赔。

（四）承包商终止（Termination by Contractor）

如果出现下列情况，承包商有权终止合同：

（1）承包商根据暂停工作的权利，就业主未能遵照其资金安排的规定发出通知后42天内，承包商仍未收到合理的证明；

（2）在规定的付款时间到期后42天内，承包商仍未收到该期间的应付款额（按照业主的索赔规定的减少部分除外）；

（3）业主实质上未能根据合同规定履行其义务；

（4）业主未遵守权益转让的规定；

（5）拖长的停工影响了整个工程；

（6）业主破产或无力偿债，停业清理。

在上述任何时间或情况下，承包商可通知业主14天后终止合同。但在（5）或（6）项情况下，承包商可发出通知立即终止合同。

在终止通知生效后，承包商应迅速：

（1）停止所有进一步的工作，但工程师为保护生命财产或工程的安全而指示的工作除外；

（2）移交承包商已得到付款的承包商文件、生产设备、材料和其他工作；

（3）从现场运走除为了安全需要以外的所有其他货物，并撤离现场。

在根据承包商终止规定发出的终止通知生效后，业主应迅速：

（1）将履约担保退还承包商；

（2）按照自主选择的终止、支付和解除的规定，向承包商付款；

（3）付给承包商因此项终止而蒙受的利润或其他损失或损害的款额。

第四节　风险管理及索赔和仲裁

一、风险管理

（一）不可预见（Unforeseeable）

所谓“不可预见”，即指一个有经验的承包商在提交投标书日期前不能合理预见。“不可预见”要满足三个条件：一是承包商是“有经验的”；二是以“提交投标书日期”为时限（2017 年版 FIDIC 施工合同条件将该时限改为基准日期，即投标截止前 28 天）；三是要不能“合理预见”。不可预见性的风险分配方式使承包商在投标时将风险限制在“可预见的”范围内，业主获得的是不考虑不可预见风险的合理标价和施工方案。

（二）不可预见的外界物质条件

“外界物质条件”是指承包商在实施工程中遇见的外界自然条件及人为的条件和其他外界障碍和污染物，包括地表以下和水文条件，但不包括气候条件。如果承包商遇到在其认为是无法预见的外界条件，则承包商应尽快通知工程师，并说明认为其是不可预见的原因。承包商应继续实施工程，采用在此外界条件下合适的措施，并且应该遵守工程师给予的任何指示。如果承包商因此遭到延误或导致费用，承包商应有权依据承包商的索赔要求提出工期和费用（但不包括利润）索赔。

（三）业主的风险（Employer’s risks）

业主的风险包括：

（1）战争、敌对行动、入侵、外敌行动；

（2）工程所在国内的叛乱、恐怖活动、革命、暴动、政变或内战；

（3）暴乱、骚乱或混乱（承包商和分包商雇用人员中的事件除外）；

（4）工程所在国的军火、爆炸性物、离子辐射或放射性污染（由于承包商使用的情况除外）；

（5）以音速或超音速飞行的飞行器产生的压力波；

（6）业主使用或占用永久工程的任何部分（合同中另有规定的除外）；

（7）因工程任何部分设计不当而造成的，且此类设计是由业主负责提供的；

（8）一个有经验的承包商不可预见且无法合理防范的自然力的作用。

（四）业主的风险造成的后果（Consequences of employer's risks）

如果上述所列业主的风险导致了承包商的损失或损害，则承包商应尽快通知工程师，并应按工程师的要求弥补损失或修复损害。如果为了弥补损失或修复损害使承包商延误了工期或承担了费用，则承包商应进一步通知工程师，并有权根据规定索赔工期、费用和利润。

二、索赔

在合同履行过程中，承包商或业主发现根据合同责任约定自己的合法权益受到侵害时，均有权向对方提出相应的补偿要求，发生“承包商的索赔”或“业主的索赔”，即受到损害方首先提出索要，当原因满足合同中索赔条款的约定时，对方应予以补偿或赔偿。一方提出的索赔要求均应通过工程师予以处理，由工程师判定索赔条件是否成立以及确定工期的延长天数和费用及利润的补偿金额。

（一）承包商的索赔（Contractor's claims）

如果承包商认为，根据合同条款或与合同有关的其他文件，承包商有权得到竣工时间的延长期和（或）任何追加付款，承包商应向工程师发出通知，说明引起索赔的事件或情况。该通知应在承包商察觉或应已察觉该事件或情况后28天内尽快发出。

在承包商觉察或应已觉察引起索赔的事件或情况后42天内，或在承包商可能建议并经业主认可的其他期限内，承包商应向业主递交一份充分详细的索赔报告，包括索赔的依据、要求延长的时间和（或）追加付款的全部详细资料。

如果引起索赔的事件或情况具有连续影响，则承包商应按月向业主递交进一步的中间索赔报告，说明累计索赔的延误时间和（或）金额，以及业主合理要求提供的进一步详细资料；承包商应在引起索赔的事件或情况产生的影响结束后28天内，或在承包商可能建议并经业主认可的此类其他期限内，递交一份最终索赔报告。

工程师在收到索赔报告或对过去索赔的任何进一步证明资料后42天内，或在工程师可能建议并经承包商认可的其他期限内，做出回应，还可以要求任何必需的进一步的资料，表示批准或不批准并附具体意见。

【小资料】FIDIC施工合同条件承包商索赔工作程序，如图10-3所示。

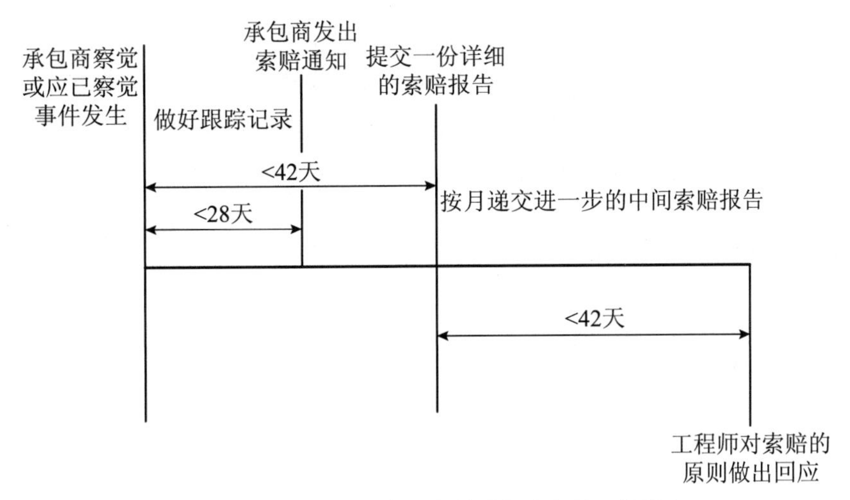

图 10-3　FIDIC 施工合同条件承包商索赔工作程序

（二）业主的索赔（Employer’s Claims）

业主也可以根据合同条件向承包商提出索赔要求，通过索赔获得支付和（或）缺陷通知期的延长。业主应在了解引起索赔的事件或情况后尽快向承包商发出通知并说明细节。

通知的细节应说明提出索赔依据的条款或其他依据，还应包括业主认为根据合同有权得到的索赔金额和（或）延长缺陷责任期的事实依据。业主可将上述金额在给承包商的到期或将到期的应付款中扣减，或另外对承包商提出索赔。延长缺陷责任期的通知，应在该期限到期前发出。

1999 年版 FIDIC 施工合同条件中分别规定了承包商的索赔和业主的索赔，但这两个条款对业主和承包商索赔权利和义务的规定是不对称的，对承包商索赔的规定更为细化严格，2017 年版则对承包商和业主索赔规定了相同的程序：要求在发现导致索赔的事件后 28 天内发出索赔通知。相对于 1999 年版合同条件，提交全面详细索赔资料的期限已从 42 天（发现导致索赔的事件后）延长至 84 天。

三、争端和仲裁

（一）争端裁决委员会的任命

合同争端可按照争端裁决委员会决定的规定，由争端裁决委员会（Dispute Adjudication Board，DAB）裁决。

双方应在规定的日期前联合任命 DAB。DAB 应按专用条件中的规定，由具有适当资格的一名或三名人员（“成员”）组成。如果 DAB 由三人组成，各方均应推荐一人，报另一方认可，双方应同这些成员协商，并商定第三名成员，该成员应被任命为主席。DAB

成员的报酬条件由双方协商任命条件时共同商定，每方应负担报酬的一半。

2017年版FIDIC施工合同条件将争端裁决委员会改称为争端避免/裁决委员会（Dispute Avoidance/ Adjudication Board，DAAB），强调了DAAB避免纠纷的作用，鼓励其日常非正式地参与或处理合同双方潜在的问题或分歧，及早化解争端。

（二）取得争端裁决委员会的决定

如果双方间发生了有关或起因于合同或工程实施的争端，任一方可以将该争端事项以书面形式提交DAB，委托DAB做出决定。

双方应立即向DAB提供对该争端做出决定可能需要的所有资料、现场进入权及相应设施。

DAB应在收到此项委托后84天内，或在可能由DAB建议并经双方认可的此类其他期限内，提出其有理由的决定。除非根据友好解决或仲裁裁决该决定应做出修改，该决定应对双方具有约束力，双方都应立即遵照执行。

如果任一方对DAB的决定不满意，可以在收到该决定通知后28天内，将其不满向另一方发出通知。如果DAB已就争端事项向双方提交了它的决定，而任一方在收到DAB决定后28天内，均未发出表示不满的通知，则该决定应作为最终的、对双方均有约束力。

（三）友好解决（Amicable Settlement）

如果已按照上述规定发出了表示不满的通知，双方应在着手仲裁前，努力以友好方式来解决争端。但是，除非双方另有协议，仲裁应在表示不满的通知发出后第56天后方可启动。

（四）仲裁（Arbitration）

对经DAB做出的决定（如果有）未能成为最终的和有约束力的决定的争端，除非已获得友好解决，应通过国际仲裁对其作出最终裁决。

【小资料】 FIDIC施工合同条件DAB解决争端工作流程，如图10-4所示。

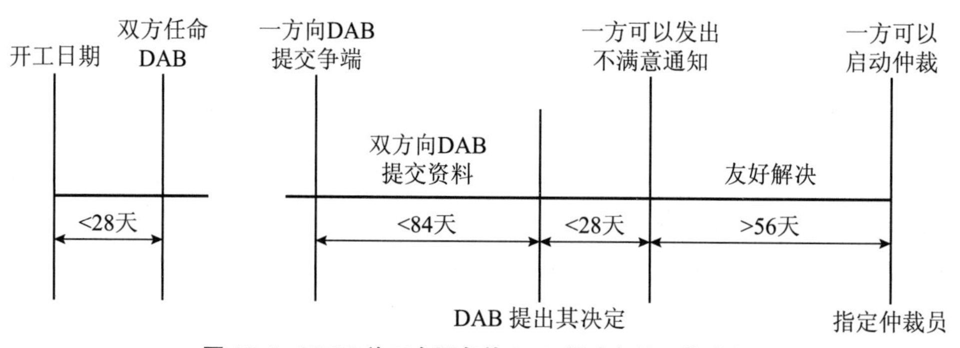

图10-4 FIDIC施工合同条件DAB解决争端工作流程

【思考与练习】

1. FIDIC 发布的系列标准合同条件主要有哪些？

2. 对工程进行放线的差错责任如何界定和处理？

3. 业主及工程师在检查、检验权方面的充分性是如何体现的？

4. 工程的开工日期应如何确定？如开工日期不明确容易产生怎样的后续争议？

5. 工程进度计划的提交和修订有哪些规定？

6. 承包商有权提出延长竣工时间的情形有哪些？

7. 各方应如何应对工程暂停时间过长的问题？

8. 如何开展工程的计量和估价？

9. 如何理解索赔、变更、调价、点工可成为承包商增加收益的手段？

10. 调价公式中各系数的不同设置如何影响合同双方的风险分担？

11. 竣工试验延误或未能通过有何后果？如何处置？

12. 工程接收有哪些规定？承包商如何根据工程接收条款保护自身权益？

13. 在缺陷通知期限内，如发生承包商未能修补缺陷的情况应如何处理？

14. 承包商有权暂停工作及终止合同的情形有哪些？

15. 通过对本书的学习并结合图 10-5，讨论如何在工程项目管理各方之间建立良好的信任、合作、协调、沟通、激励机制以实现共赢。

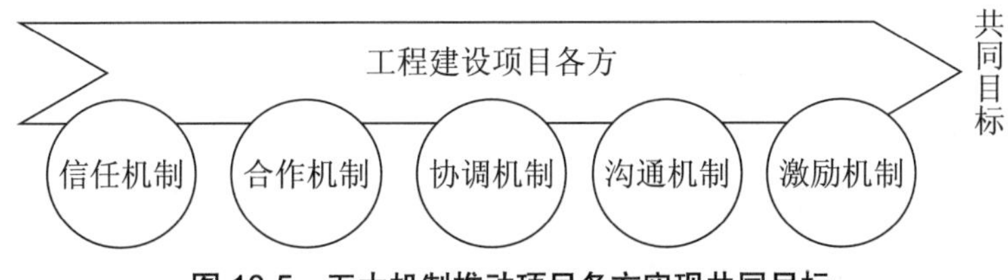

图 10-5 五大机制推动项目各方实现共同目标

【在线测试题】

扫码书背面的二维码，获取答题权限。

参考文献

[1] 中国建设监理协会 . 建设工程合同管理 [M]. 北京：中国建筑工业出版社，2017.

[2] 全国造价工程师执业资格考试培训教材编审委员会 . 建设工程造价管理 [M]. 北京：中国计划出版社，2017.

[3] 全国一级建造师执业资格考试用书编写委员会 . 建设工程项目管理 [M]. 北京：中国建筑工业出版社，2017.

[4] 全国咨询工程师（投资）职业资格考试参考教材编写委员会 . 工程项目组织与管理 [M]. 北京：中国统计出版社，2017.

[5] 全国一级建造师执业资格考试用书编写委员会 . 建设工程法规及相关知识 [M]. 北京：中国建筑工业出版社，2017.

[6] 国际咨询工程师联合会与中国工程咨询协会编译 . 施工合同条件 [M]. 北京：中国机械工业出版社，2002 年 .

[7] 住房和城乡建设部、国家工商行政管理总局 . 建设工程施工合同（示范文本），2017.

[8] 住房和城乡建设部、国家工商行政管理总局 . 建设项目工程总承包合同示范文本（试行），2011.

[9] 住房和城乡建设部、国家工商行政管理总局 . 建设工程勘察合同（示范文本），2016.

[10] 住房和城乡建设部、国家工商行政管理总局 . 建设工程设计合同示范文本（专业建设工程），2015.

[11] 住房和城乡建设部、国家工商行政管理总局 . 建设工程监理合同（示范文本），2012.

[12] 住房和城乡建设部、国家质量监督检验检疫总局 . 建设工程项目管理规范（国家标准 GB/T50326-2017）[M]. 北京：中国建筑工业出版社，2017.

[13] 刘伊生 . 建设工程招投标与合同管理 . 2 版 [M]. 北京：北京交通大学出版社，2014.

[14] 韩世远 . 合同法总论 . 4 版 [M]. 北京：法律出版社，2018.

[15] 赵振宇 . 项目管理案例分析 [M]. 北京：北京大学出版社，2013.

[16] 赵振宇，刘伊生 . 基于伙伴关系（Partnering）的建设工程项目管理 [M]. 北京：中国建筑工业出版社，2006.

教师服务

感谢您选用清华大学出版社的教材！为了更好地服务教学，我们为授课教师提供本书的教学辅助资源，以及本学科重点教材信息。请您扫码获取。

教辅获取

本书教辅资源，授课教师扫码获取

样书赠送

管理科学与工程类重点教材，教师扫码获取样书

清华大学出版社

E-mail: tupfuwu@163.com
电话：010-83470332 / 83470142
地址：北京市海淀区双清路学研大厦 B 座 509

网址：http://www.tup.com.cn/
传真：8610-83470107
邮编：100084

质检 5